水利工程施工与
水库大坝管理技术应用

冶　锋　著

中国建设科技出版社有限责任公司

China Construction Science and Technology Press Co., Ltd.

北　京

图书在版编目（CIP）数据

水利工程施工与水库大坝管理技术应用/冶锋著.
北京：中国建设科技出版社有限责任公司，2024.8.
ISBN 978-7-5160-4329-5

Ⅰ.TV512；TV698.2

中国国家版本馆 CIP 数据核字第 202438VG86 号

水利工程施工与水库大坝管理技术应用

SHUILI GONGCHENG SHIGONG YU SHUIKU DABA GUANLI JISHU YINGYONG

冶　锋　著

出版发行：中国建设科技出版社有限责任公司
地　　址：北京市西城区白纸坊东街 2 号院 6 号楼
邮　　编：100054
经　　销：全国各地新华书店
印　　刷：北京印刷集团有限责任公司
开　　本：710mm×1000mm　1/16
印　　张：10.5
字　　数：142 千字
版　　次：2024 年 8 月第 1 版
印　　次：2024 年 8 月第 1 次
定　　价：**59.80 元**

前　言

　　水利工程作为基础的设施建设,为社会的稳定发展打下了坚实的基础。水利工程不仅可以有效抵御洪水,还具有蓄水的功能,能帮助农业进行灌溉。此外,水利工程的建设还可促进旅游业、渔业等的开发,使得水利工程附近区域的经济水平都能得到明显的提高。可以说,水利工程是非常重要的一项工程,因此,应当对水利工程的管理与建设提起重视。

　　水库大坝是国民经济的重要基础设施,是国家防洪抗旱减灾体系的重要组成部分,是国家水安全的重要保障。水库大坝管理信息化是充分利用现代化采集、通信、计算机网络等先进技术设备和现代化管理手段,实现水库大坝管理业务的信息采集、传输、存储、处理和服务的网络化与智能化的过程。将水库管理与信息化相结合,为水库大坝的安全管理及综合效能利用提供辅助决策支持服务,有利于全面提高水库大坝的科学管理水平。

　　笔者在撰写本书的过程中,参考了大量的文献资料,在此对相关文献资料的作者表示感谢。由于水利工程范畴比较广,需要探索的层面比较深,书中难免存在不足之处,敬请广大读者批评指正。

编　者

2024 年 3 月

目 录

第一章　水利工程建设 ………………………………………… 1

　第一节　水文与地质知识 …………………………………… 1

　第二节　水利枢纽与水库施工 …………………………… 8

第二章　水利工程地基处理技术 …………………………… 34

　第一节　岩基处理方法 …………………………………… 34

　第二节　防渗墙 …………………………………………… 44

　第三节　砂砾石地基处理 ………………………………… 52

　第四节　灌注桩工程 ……………………………………… 60

第三章　水利工程土石方工程技术 ………………………… 70

　第一节　土石方工程概述 ………………………………… 70

　第二节　边坡工程施工技术 ……………………………… 80

　第三节　坝基开挖施工技术 ……………………………… 84

　第四节　岸坡开挖施工技术 ……………………………… 91

第四章　水库管理 …………………………………………… 94

　第一节　水库概述 ………………………………………… 94

　第二节　水库的控制运用 ………………………………… 97

　第三节　坝身管理 ………………………………………… 99

第四节　溢洪道检查管理 ··· 109

第五节　涵洞检查管理 ·· 116

第六节　水库的泥沙淤积及防沙措施 ······························· 120

第五章　水库大坝边坡安全监测技术 ···························· 126

第一节　水库大坝滑坡隐患巡视检查 ······························· 126

第二节　水库大坝边坡监测基本要求 ······························· 129

第三节　水库大坝边坡监测技术 ·· 132

参考文献 ·· 158

第一章 水利工程建设

第一节 水文与地质知识

一、水文知识

(一)河流和流域

地表上较大的天然水流称为河流。河流是陆地上最重要的水资源和水能资源,是自然界中水文循环的主要通道。我国的主要河流一般发源于山地,最终流入海洋、湖泊或洼地。沿着水流的方向,一条河流可以分为河源、上游、中游、下游和河口五段。在水利水电枢纽工程中,为了便于工作,习惯以面向河流下游为准,左手侧河岸称为左岸,右手侧河岸称为右岸。

直接流入海洋或内陆湖的河流称为干流,流入干流的河流为一级支流,流入一级支流的河流为二级支流,以此类推。河流的干流、支流、溪涧和流域内的湖泊彼此连接所形成的庞大脉络系统,称为河系或水系,如长江水系、黄河水系、太湖水系。

一个水系的干流及支流的全部集水区域称为流域。在同一个流域内的降水,最终通过同一个河口注入海洋。较大的支流或湖泊也能称为流域,如汉水流域、清江流域、洞庭湖流域、太湖流域。

两个流域之间的分界线称为分水线。在山区,分水线通常为山岭或山脊,所以又称分水岭,如秦岭为长江和黄河的分水岭。在平原地区,流域的分界线则不甚明显。流域的地表分水线与地下分水线有时并不完全重合,一般以地表分水线作为流域分水线。

(二)河(渠)道的水文学和水力学指标

(1)河(渠)道横断面:垂直于河流方向的河道断面地形。天然河道的横断面形状多种多样,常见的有 V 形、U 形、复式等。人工渠道的横断面形状则比较规则,一般为矩形或梯形。河道水面以下部分的横断面为过水断面。过水断面的面积随河水水面涨落变化,与河道流量相关。

(2)河道纵断面:沿河道纵向最大水深线切取的断面。

(3)水位:河道水面在某一时刻的高程,即相对于海平面的高度差。我国目前采用黄海海平面作为基准海平面。

(4)河流长度:河流自河源开始,沿河道最大水深线至河口的距离。

(5)落差:河流两个过水断面之间的水位差。

(6)纵比降:水面落差与此段河流长度之比。河道水面纵比降与河道纵断面基本上是一致的,但在某些河段并不完全一致,与河道断面面积变化、洪水流量有关。河水在涨落过程中,水面纵比降随洪水过程的时间变化而变化。在涨水过程中,水面纵比降较大;在落水过程中,则相对较小。

(7)水深:水面某一点到河底的垂直深度。河道断面水深指河道横断面上水位与最深点的高程差。

(8)流量:单位时间内通过某一河道(渠道、管道)的水体体积,单位 m^3/s。

(9)流速:流速单位 m/s。在河道过水断面上,各点流速不一致。一般情况下,过水断面上水面流速大于河底流速。常用断面平均流速作为其特征指标。

(10)水头:水中某一点相对于另一水平参照面所具有的水能。

(三)河川径流

径流是指河川中流动的水流量。在我国,河川径流多由流域降雨形成。

河川径流形成的过程是指自降水开始,到河水从海口断面流出的整个过程。这个过程非常复杂,一般要经历降水、蓄渗(入渗)、产流和汇流几个阶段。

降雨形成的河川径流与流域的地形、地质、土壤、植被,降雨的强度、时间、季节,以及降雨区域在流域中的位置等因素有关。因此,河川径流具有循环性、不重复性和地区性。

表示径流的特征值主要有以下几项。

(1)径流量:单位时间内通过河流某一过水断面的水体体积。

(2)径流总量:一定的时段内通过河流某过水断面的水体总量。

(3)径流模数:径流量在流域面积上的平均值。

(4)径流深度:流域单位面积上的径流总量。

(5)径流系数:某时段内的径流深度与降水量之比。

二、地质知识

地质构造是指由于地壳运动使岩层发生变形或变位后形成的各种构造形态。地质构造有五种基本类型:水平构造、倾斜构造、直立构造、褶皱构造和断裂构造。这些地质构造不仅改变了岩层的原始产状、破坏了岩层的连续性和完整性,还降低了岩体的稳定性、增大了岩体的渗透性。因此,研究地质构造对水利工程建设有着非常重要的意义。要研究上述五种构造必须了解地质年代和岩层产状的相关知识。

(一)地质年代和地层单位

地球形成至今已有四十多亿年。对整个地质历史时期而言,地球的发展演化及地质事件的记录和描述需要有一套相应的时间概念,即地质年代。同人类社会发展历史分期一样,可将地质年代按时间的长短依次分为宙、代、纪、世。对应于上述时间段所形成的岩层(即地层)依次称为宇、界、系、统,这便是地层单位。如太古代形成的地层称为太古界,石炭纪形成的地层称为石炭系,等等。

(二)岩层产状

1. 岩层产状要素

岩层产状指岩层在空间的位置,用走向、倾向和倾角表示,称为岩层产状三要素。

(1)走向。

岩层面与水平面的交线叫走向线,走向线两端所指的方向即为岩层的走向。走向有两个方位角数值,且相差180°。岩层的走向表示岩层的延伸方向。

(2)倾向。

层面上与走向线垂直并沿倾斜面向下所引的直线叫倾斜线,倾斜线在水平面上的投影所指的方向就是岩层的倾向。对于同一岩层面,倾向与走向垂直,且只有一个方向。岩层的倾向表示岩层的倾斜方向。

(3)倾角。

倾角指岩层面和水平面所夹的最大锐角(或二面角)。

除岩层面外,岩体中其他面(如节理面、断层面等)的空间位置也可以用岩层产状三要素来表示。

2. 岩层产状要素的测量

岩层产状要素需用地质罗盘测量。地质罗盘的主要构件有磁针、刻度环、方向盘、倾角旋钮、水准泡、磁针锁制器等。刻度环和磁针是用来测量岩层的走向和倾向的。罗盘刻度环上的数值按逆时针方向标记,以北为0°,逆时针方向一周均刻至360°。其中四个基础方向东(90°)、南(180°)、西(270°)、北(360°),分别用英文字母E、S、W、N表示。方向盘和倾角旋钮是用来测倾角的。方向盘的角度变化介于0°~90°。测量方法如下。

(1)测量走向。

罗盘水平放置,将罗盘与南北方向平行的边与层面贴触(或将罗盘的长边与岩层面贴触),调整圆水准泡居中,此时罗盘边与岩层面的接触线即为走向线,磁针(无论南针还是北针)所指刻度环上的度数即为走向。

(2)测量倾向。

罗盘水平放置,将方向盘上的 N 极指向岩层层面的倾斜方向,同时使罗盘平行于东西方向的边(或短边)与岩层面贴触,调整圆水准泡居中,此时北针所指刻度环上的度数即为倾向。

(3)测量倾角。

罗盘侧立摆放,将罗盘平行于南北方向的边(或长边)与层面贴触,并垂直于走向线,然后转动罗盘背面的测量旋钮,使长水准泡居中,此时倾角旋钮所指方向盘上的度数即为倾角大小。若是长方形罗盘,此时桃形指针在方向盘上所指的度数,即为所测的倾角大小。

3.岩层产状的记录方法

岩层产状的记录方法有以下两种。

(1)象限角表示法。一般以北或南的方向为准,记走向、倾向和倾角。

(2)方位角表示法。一般只记录倾向和倾角。

(三)水平构造、倾斜构造和直立构造

1.水平构造

岩层产状呈水平(倾角 $\alpha = 0°$)或近似水平($\alpha < 5°$)。岩层呈水平构造,表明该地区地壳相对稳定。

2.倾斜构造(单斜构造)

岩层产状的倾角 $0° < \alpha < 90°$,岩层呈倾斜状。

岩层呈倾斜构造说明该地区地壳不均匀抬升或受到岩浆作用的影响。

3.直立构造

岩层产状的倾角 $\alpha \approx 90°$,岩层呈直立状。

(四)褶皱构造

褶皱构造是指岩层受构造应力作用后产生的连续弯曲变形。绝大多数褶皱构造是岩层在水平挤压力作用下形成的。褶皱构造是岩层在地壳中广泛发育的地质构造形态之一,它在层状岩石中最为明显,在块状岩体中则很难见到。褶皱构造的每一个向上或向下弯曲称为褶曲。两个或两个以上的褶曲组合叫褶皱。

1.褶皱要素

褶皱构造的各个组成部分称为褶皱要素。

(1)核部:褶曲中心部位的岩层。

(2)翼部:核部两侧的岩层。一个褶曲有两个翼。

(3)翼角:翼部岩层的倾角。

(4)轴面:对称平分两翼的假象面。轴面可以是平面,也可以是曲面。轴面与水平面的交线称为轴线;轴面与岩层面的交线称为枢纽。

(5)转折端:从一翼转到另一翼的弯曲部分。

2.褶皱的基本形态

褶皱的基本形态是背斜和向斜。

(1)背斜。

岩层向上弯曲,两翼岩层常向外倾斜,核部岩层时代较老,两翼岩层依次变新并呈对称分布。

(2)向斜。

岩层向下弯曲,两翼岩层常向内倾斜,核部岩层时代较新,两翼岩层依次变老并呈对称分布。

3.褶皱的类型

根据轴面产状和两翼岩层的特点,将褶皱分为直立褶皱、倾斜褶皱、倒转褶皱、平卧褶皱、翻卷褶皱。

4.褶皱构造对工程的影响

(1)褶皱构造影响着水工建筑物地基岩体的稳定性及渗透性。

选择坝址时,应尽量考虑避开褶曲轴部地段。因为轴部节理发育、岩石破碎、易受风化、岩体强度低、渗透性强,所以工程地质条件较差。当坝址选在褶皱翼部时,若坝轴线平行岩层走向,则坝基岩性较均一。再从岩层产状考虑,岩层倾向上游,倾角较陡时,对坝基岩体抗滑稳定有利,也不易产生顺层渗漏,但当倾角平缓时,虽然不易向下游渗漏,但坝基岩体易于滑动;岩层倾向下游,倾角又缓时,岩层的抗滑稳定性最差,也容易向下游产生顺层渗漏。

(2)褶皱构造与其蓄水的关系。

褶皱构造中的向斜构造是良好的蓄水构造,在这种构造盆地中打井,地下水常较丰富。

（五）断裂构造

岩层受力后产生变形，当作用力超过岩石的强度时，岩石就会发生破裂，形成断裂构造。断裂构造的产生，会对岩体的稳定性、透水性及其工程性质产生较大影响。根据破裂之后的岩层有无明显位移，将断裂构造分为节理和断层两种类型。

1. 节理

没有明显位移的断裂称为节理。节理按照成因分为三种类型：原因节理、次生节理和构造节理。岩石在成岩过程中形成的节理为原因节理，如玄武岩中的柱状节理；风化、爆破等原因形成的裂隙为次生节理，如风化裂隙等；由构造应力所形成的节理为构造节理。其中，构造节理分布最广。构造节理又分为张节理和剪节理。

张节理由张应力作用产生，多发育在褶皱的轴部，其主要特征为：①节理面粗糙不平，无擦痕；②节理多开口，一般被其他物质充填；③在砾岩或砂岩中的张节理常常绕过砾石或砂粒；④张节理一般较稀疏，而且延伸不远。

剪节理由剪应力作用产生，其主要特征为：①节理面平直光滑，有时可见擦痕；②节理面一般是闭合的，没有充填物；③在砾岩或砂岩中的剪节理常常切穿砾石或砂粒；④产状较稳定，间距小，延伸较远；⑤发育完整的剪节理呈 X 形。

2. 断层

有明显位移的断裂称为断层。

（1）断层要素。

断层的基本组成部分叫断层要素。断层要素包括断层面、断层线、断层带、断盘和断距。

①断层面：岩层发生断裂并沿其发生位移的破裂面。它的空间位置仍由走向、倾向和倾角表示。它可以是平面，也可以是曲面。

②断层线：断层面与地面的交线。其方向表示断层的延伸方向。

③断层带：包括断层破碎带和影响带。破碎带是指被断层错动搓碎的部分，常由岩块碎屑、粉末、角砾及黏土颗粒组成，其两侧被断层面所限制。影响带是指靠近破碎带两侧的岩层受断层影响，裂隙发育或发生牵引弯曲的部分。

④断盘：断层面两侧相对位移的岩块。其中，断层面之上的称为上盘，断层面之下的称为下盘。

⑤断距：断层两盘沿断层面相对移动的距离。

(2)断层的基本类型。

按照断层两盘相对位移的方向，将断层分为正断层、逆断层和平移断层三种类型。

①正断层：上盘相对下降、下盘相对上升的断层。

②逆断层：上盘相对上升、下盘相对下降的断层。

③平移断层：两盘沿断层面作相对水平位移的断层。

3.断裂构造对工程的影响

节理和断层的存在，破坏了岩石的连续性和完整性，降低了岩石的强度，增强了岩石的透水性，给水利工程建设带来了很大影响。例如，节理密集带或断层破碎带会导致水工建筑物的集中渗漏、不均匀变形，甚至发生滑动破坏。因此，在选择坝址、确定渠道及隧洞线路时，应尽量避开大的断层和节理密集带，否则必须对其进行开挖、帷幕灌浆等方法处理，甚至调整坝或洞轴线的位置。

第二节 水利枢纽与水库施工

一、水利枢纽

(一)水利枢纽概述

水利枢纽是为满足各项水利工程兴利除害的目标，在河流或渠道的适宜地段修建的不同类型水工建筑物的综合体。水利枢纽常以其形成的水库或主体工程——坝、水电站的名称来命名,如三峡大坝、密云水库、罗贡坝及新安江水电站等;也有直接称水利枢纽的,如葛洲坝水利枢纽。

1. 类型

根据所承担任务的不同,水利枢纽可分为防洪枢纽、灌溉枢纽、水力发电枢纽,以及航运枢纽等。许多水利枢纽承担着众多的职责,这些被称为综合性水利枢纽。决定水利枢纽功能的核心要素是选择合理的位置和最优的布置方案。水利关键工程的具体位置通常是基于河流流域的规划或地区的水利规划来确定的。在确定具体的位置时,我们必须深入考虑地形和地质条件,确保所有的水工建筑都能在一个安全且可靠的地基上进行布置,同时也要满足建筑的尺寸、布局,以及施工所需的各种条件。关于水利枢纽工程的布局,通常是通过可行性分析和初步设计来确定的。枢纽的布局设计必须确保具有不同功能的建筑在其位置上都能找到合适的位置,并在使用的过程中实现相互协调,以充分而有效地完成各自的职责和任务;在水工建筑物单独或联合使用的情况下,水流条件通常是良好的,上下游的水流和冲淤变化不会影响枢纽的正常运行,总之,技术上必须是安全可靠的;在确保满足基础需求的基础上,我们应追求建筑物布置紧凑,确保一个建筑能够充分发挥其多种作用,减少工程量和工程占地,进而降低投资成本;在进行施工时,我们必须充分考虑到管理和运行的需求,同时也要确保施工的便捷性,缩短工期。一个大型水利枢纽工程的总体布置是一项复杂的系统工程,需要按系统工程的分析研究方法进行论证确定。[①]

2. 枢纽组成

利枢纽主要由挡水建筑物、泄水建筑物、取水建筑物及专门性建筑物组成。

---

①李战会.水利工程经济与规划研究[M].长春:吉林科学技术出版社,2022.

（1）挡水建筑物。

挡水建筑物是在取水枢纽和蓄水枢纽中，为拦截水流、抬高水位和调蓄水量而设的跨河道建筑物，分为溢流坝（闸）和非溢流坝两类。溢流坝（闸）兼作泄水建筑物。

（2）泄水建筑物。

泄水建筑物是为宣泄洪水和放空水库而设的建筑物，其形式有岸边溢洪道、溢流坝（闸）、泄水隧洞、坝下涵管等。

（3）取水建筑物。

取水建筑物是为灌溉、发电、供水和专门用途的取水而设的建筑物，其形式有进水闸、引水隧洞及引水涵管等。

（4）专门性建筑物。

专门性建筑物包括发电的厂房、调压室，为扬水的泵房、流道，为通航、过木、过鱼的船闸、升船机、筏道、鱼道，等等。

3. 枢纽位置选择

在进行流域或地区的规划时，某个水利枢纽在河流中的大致位置已经基本确定，但要确定具体位置，还需要在这一范围内经过各种方案的技术和经济对比来进行选择。水利枢纽的定位通常是以其主体——坝（挡水建筑物）的具体位置来代表的。因此，选择水利枢纽的位置通常被称为坝址的决策。有的水利枢纽，只需要在一个相对狭窄的区域内选定坝址；有的水利枢纽，则需要在一个相对宽广的区域内选择坝段，接着在这个坝段中确定坝址。

4. 划分等级

水利枢纽根据其规模、效益，以及对经济和社会的影响程度来进行分类，并根据枢纽内的建筑的重要性来进行等级划分。对于级别较高的建筑物，其在抗洪能力、结构强度、稳定性、所用建筑材料，以及运行可靠性等多个方面的要求都相对较高；在级别较低的情况下，则要求相对较低，以实现既安全又经济的目的。

5.水利枢纽工程

水利枢纽工程指水利枢纽建筑物(含引水工程中的水源工程)和其他大型独立建筑物。包括挡水工程、泄洪工程、引水工程、发电厂工程、升压变电站工程、航运工程、鱼道工程、交通工程、房屋建筑工程和其他建筑工程。其中挡水工程等前七项为主体建筑工程。

(1)挡水工程。包括挡水的各类坝(闸)工程。

(2)泄洪工程。包括溢洪道、泄洪洞、冲砂孔(洞)、放空洞等工程。

(3)引水工程。包括发电引水明渠、进水口、隧洞、调压井、高压管道等工程。

(4)发电厂工程。包括地面、地下各类发电厂工程。

(5)升压变电站工程。包括升压变电站、开关站等工程。

(6)航运工程。包括上下游引航道、船闸、升船机等工程。

(7)鱼道工程。根据枢纽建筑物布置情况,可独立列项,与拦河坝相结合的,也可作为拦河坝工程的组成部分。

(8)交通工程。包括上坝、进厂、对外等场内外永久公路、桥涵、铁路、码头等交通工程。

(9)房屋建筑工程。包括为生产运行服务的永久性辅助生产建筑、仓库、办公、生活及文化福利等房屋建筑和室外工程。

(10)其他建筑工程。包括内外部监测工程,动力线路(厂坝区),照明线路,通信线路,厂坝区及生活区供水、供热及排水等公用设施工程,厂坝区环境建设工程,水情自动测报工程及其他。

(二)拦河坝水利枢纽布置

拦河坝水利枢纽的建设目的是解决供水和用水的分配问题,它主要由挡水建筑物组成,也被称为水库枢纽,通常包括挡水、泄水、放水和某些专门性建筑物。拦河水利枢纽布置的目的是将具有不同功能的建筑物进行相对集中的布局,并确保它们在运行过程中能够良好地协同工作。

拦河水利枢纽的布局设计应当遵循国家水利建设的方针,根据流域或区域的规划,从长期的角度出发,结合近期的发展需求,对各种可能的枢纽布局方案进行全面的分析和比较,以确定最优的方案。根据水利枢纽的基础设施建设程序,分阶段、有计划地进行规划和设计。

拦河水利枢纽布置的主要工作内容有坝址、坝型选择及枢纽工程布置等。

1. 坝址及坝型选择

坝址及坝型选择的工作贯穿各设计阶段,并且是逐步优化的。

在可行性研究阶段,通常是基于开发任务的具体需求,对地形、地质和施工条件进行综合分析。首先,初步筛选出几个可能用于筑坝的区域(即坝段)和几条具有代表性的坝轴线;其次,通过枢纽布局进行全面的比较;最后,选出最具优势的坝段和相对较好的坝轴线。基于这些信息,进一步提出推荐的坝址,并在这些推荐坝址上进行枢纽工程的布局。最终,通过对比方案,初步选定基础坝型和枢纽布置的最佳方式。

在初步设计阶段,我们需要进一步规划枢纽的布局。通过技术和经济的对比分析,我们可以选择最合适的坝轴线,明确坝型,以及其他建筑的设计和主要尺寸,并据此进行枢纽工程的具体布局。

在施工详图阶段,随着地质和试验资料的不断深化,我们对已确定的坝轴线、坝型和枢纽布局进行了最终的修订和定案,并据此绘制了一个可以依据施工情况进行参考的详图。

在拦河水利枢纽的设计过程中,坝轴线和坝型的选择占据了至关重要的位置。这不仅具有深远的技术和经济价值,而且二者之间存在紧密的联系。影响这一选择的因素是多种多样的,除了要深入研究坝址及其周边的自然环境,还需要综合考虑枢纽的建设、使用条件、未来发展和投资目标等。只有进行了深入的论证和全面的比较之后,才能做出准确的评估并选择最合适的解决方案。

(1)坝址选择。

选择坝址时,应综合考虑下述条件。

①地质条件。地质条件是建库建坝的基本条件,是衡量坝址优劣的重要条件之一。地质条件在某种程度上决定着兴建枢纽工程的难易。工程地质和水文地质条件是影响坝址、坝型选择的重要因素,且往往起决定性作用。

在选定坝址之前,首先需要对相关区域的地质状况有一个清晰地了解。一个坚固、无任何构造瑕疵的岩基被认为是最佳的坝基选择,然而,这样的理想地质环境是相当罕见的,天然地基可能会有各种地质瑕疵,关键在于是否能通过适当的地基处理手段来满足筑坝的标准。在这一领域内,我们必须高度重视地质问题,并对这些问题进行准确的定性评估,这样才能确定坝址的最佳选择,制定相应的防护措施,或者在选择坝址和枢纽布局时,确保它们与坝址的地质状况相匹配。对于那些坝基条件不佳,如破碎带、断层、裂隙、喀斯特溶洞和软弱夹层等,以及地震频发的地区,应当进行全面的科学论证和实施可靠的技术手段。在选择坝址时,还需要对区域的地质稳定性、地质构造的复杂性,以及水库区的渗漏、库岸的塌滑、岸坡和山体的稳定性等地质条件进行评估和论证。不同的坝型和坝高对地质环境有各自独特的需求。例如,拱坝对两侧的坝基有很高的要求,支墩坝对地基的要求也很高,然后是重力坝,土石坝的要求最低,一般而言,较高的混凝土坝通常需要建在岩基上。

②地形条件。坝址的地形条件必须符合开发任务对枢纽组成建筑物布置的要求。一般来说,当河谷两侧具有合适的高度和必要的挡水前沿宽度时,这将有助于枢纽的布局。通常情况下,坝址所在的河谷比较狭窄,坝的轴线也相对较短,因此,坝体的工程量也相对较小。然而,如果河谷过于狭窄,那么泄水建筑、发电设施、施工道路,以及施工场地的布局就会受到不利影响,有时甚至不如河谷稍宽的地方更为有利。在选择坝址时,除了要考虑到坝轴线的短暂性,还需要综合考虑泄水建筑物、施工场地布局,以及施工导流方案等多个因素。在枢纽的上游区域,最理想的情况是拥有一个宽广的河谷,这样在最小化淹没损失的前提下,可以实现更

大的库容。

坝址的地形条件必须和坝型相匹配,拱坝需要河谷狭窄;土石坝非常适合于河谷宽广、岸坡温和、坝址附近或库区内具有适宜高程的天然垭口,同时也便于河流的归流,从而方便河岸式溢洪道的布置。如果岸坡过于陡峭,那么坝体与岸坡交汇的地方会受到过大的削坡影响。在考虑通航河道时,我们还需要关注通航建筑的布局,以及上游和下游河流的条件是否都是有益的。对于存在暗礁、浅滩、陡坡或急流的通航河流,坝轴线最好选择在浅滩的稍下游或急流的终点,这样可以优化通航的条件。对于有瀑布的不适合航行的河流,坝轴线应选择在瀑布稍上游的位置以减少大坝的工程量。对于含有大量泥沙的河流和有漂木需求的河道,应注意坝址的位置是否有利于取水、防沙和漂木。

③建筑材料。在选定坝址和坝型的过程中,当地使用的材料种类、数量和分布通常具有决定性的影响。在土石坝的坝址附近,必须有数量充足且质量达标的土石料场;如果是由混凝土构成的坝,那么坝址附近需要有高质量的砂石骨料。料场的设计应考虑到开采和运输的便利性,同时在施工过程中,料场不应因淹水而对施工产生负面影响。因此,我们应该对建筑材料的采掘条件和经济成本进行深入的研究和分析。

④施工条件。从施工角度来看,坝址下游应有较开阔的滩地,以便布置施工场地、场内交通和进行导流。对外交通方便,附近有廉价的电力供应,以满足照明及动力的需要。从长远利益来看,施工的安排应考虑今后运用、管理的方便。

⑤综合效益。在选择坝址时,我们需要全面考虑防洪、灌溉、发电、通航、过木、城市和工业用水、渔业,以及旅游等多个领域的经济效益。同时,还需要考虑上游的淹没损失和蓄水枢纽对上游和下游生态环境的多方面影响。通过建设蓄水枢纽,将会形成一个水库,这将把原先大量的陆地表面和河流水域转变为湖泊类型的水域,从而改变该地区的自然景观,并对自然生态和社会经济造成多方面的环境影响。其积极的影响包括推

动水电、灌溉、供水、养殖和旅游等水利项目的发展,以及缓解洪水灾害和改善气候状况。然而,它也可能导致一系列的负面影响,如淹没损失、浸没损失、土壤盐碱化或沼泽化、水库淤积、库区塌岸或滑坡、诱发地震、恶化水温、水质和卫生条件、破坏生态平衡,以及引发下游冲刷和河床演变等问题。与水库为人类带来的社会经济利益相比,水库对环境的负面影响通常被视为次要,但如果处理不当,也可能导致严重的损害。因此,在进行水利规划和选择坝址时,必须认真研究生态环境的影响,并将其作为方案比较的一个重要因素来考虑。根据坝址和坝型的不同,对于防洪、灌溉、发电、供水和航运的需求也会有所区别。关于其经济性,我们需要基于枢纽的总造价来进行评估。

综合考虑上述因素,一个理想的坝址应该具备的特点有:良好的地质状况、有利的地形、合适的地理位置、施工成本低廉,以及良好的经济效益。因此,我们应该进行全方位的思考和综合分析,比较不同的方案,合理地解决存在的矛盾,并选择最佳的解决方案。

(2)坝型选择。

常见的坝型有土石坝、重力坝及拱坝等。坝型选择仍取决于地质、地形、建材及施工、运用等条件。

①土石坝。在筑坝的地方,如果交通条件不佳或三材短缺,但当地有大量实用的土石料,且地质条件没有明显的不足,并且有合适的河岸式溢洪道布局的有利地势,那么可以优先考虑使用土石坝作为建材。随着设计理念、施工方法和施工设备的进步,土石坝的建设数量在近几年中明显上升,且其建设周期相对较短,造价也低于混凝土坝。在我国的中小规模工程项目中,土石坝所占的份额相当大。在全球的坝工建设领域,土石坝被认为是应用最广且发展速度最快的坝型之一。

②重力坝。有较好的地质条件,当地有大量的砂石骨料可以利用,交通又比较方便时,一般多考虑修筑混凝土重力坝。可直接由坝顶溢洪,但不需另建河岸溢洪道,抗震性能也较好。我国目前已建成的三峡大坝是

世界上最大的混凝土浇筑实体重力坝。

③拱坝。当坝址地形为 V 形或 U 形狭窄河谷,且两岸坝肩岩基良好时,则可考虑选用拱坝。它工程量小,比重力坝节省混凝土量 1/2～2/3,造价较低,工期短,也可从坝顶或坝体内开孔泄洪。

2.枢纽的工程布置

构建大坝以形成水库是拦河蓄水枢纽的显著特点。除了拦河坝和泄水建筑,根据枢纽的职责,其组成结构还可能涵盖输水设施、水电站建筑,以及过坝设施等。枢纽布局的核心任务是研究并确定枢纽内各水工建筑之间的相对位置。这项任务包括泄洪、发电、通航和导流等多个方面,并与坝址和坝型有着紧密的联系。因此,需要进行全面的规划、细致的分析和全面的论证,最终通过综合比较,从多个不同的比较方案中挑选出最适合的枢纽布局方案。

(1)枢纽布置的原则。

进行枢纽布置时,一般可遵循下述原则。

①为使枢纽能发挥最大的经济效益,进行枢纽布置时,应综合考虑防洪、灌溉、发电、航运、渔业、林业、交通、生态及环境等各方面的要求。应确保枢纽中各主要建筑物,在任何工作条件下都能协调地、无干扰地进行正常工作。

②为方便施工、缩短工期和能使工程提前发挥效益,枢纽布置应同时考虑便是选择施工导流的方式、程序和标准便是选择主要建筑物的施工方法,与施工进度计划等进行综合分析研究。

枢纽布置应做到在满足安全和运用管理要求的前提下,尽量降低枢纽总造价和年运行费用。如有可能,应考虑使一个建筑物能发挥多种作用。例如,使一条陪同做到灌溉和发电相结合;施工导流与泄洪、排沙、放空水库相结合等。

③在不过多增加工程投资的前提下,枢纽布置应与周围自然环境相协调,应注意建筑艺术、力求造型美观,加强绿化环保,因地制宜地将人工

环境和自然环境有机结合起来,创造出一个完美的、多功能的宜人环境。

（2）枢纽布置方案的选定。

水利枢纽设计需通过论证比较,从若干个枢纽布置方案中选出一个最优方案。最优方案应该是技术上先进和可能、经济上合理、施工期短、运行可靠,以及管理维修方便的方案。需论证比较的内容如下:

①主要工程量。如土石方、混凝土和钢筋混凝土、砌石、金属结构、机电安装、帷幕和固结灌浆等工程量。

②主要建筑材料数量。如木材、水泥、钢筋、钢材、砂石及炸药等用量。

③施工条件。如施工工期、发电日期、施工难易程度、所需劳动力和施工机械化水平等。

④运行管理条件。如泄洪、发电、通航是否相互干扰、建筑物及设备的运用操作和检修是否方便,对外交通是否便利,等等。

⑤经济指标。指总投资、总造价、年运行费用、电站单位千瓦投资、发电成本、单位灌溉面积投资、通航能力、防洪,以及供水等综合利用效益等。

⑥其他。根据枢纽具体情况,需专门进行比较的项目。如在多泥沙河流上兴建水利枢纽时,应注重泄水和取水建筑物的布置对水库淤积、水电站引水防沙和对下游河床冲刷的影响等。

上面提到的项目中,有些是可以进行定量计算的,而有些则是难以进行定量计算的,这无疑增加了枢纽布置方案选择的复杂性。因此,在选择最佳方案时,必须遵循国家研究制定的技术政策,并在充分了解基础数据的基础上,采取科学的方法,实事求是地进行全面的论证,通过综合分析和技术经济比较来选出最优方案。

（3）枢纽建筑物的布置。

①挡水建筑物的布置。为了减少拦河坝的体积,除拱坝外,其他的坝型的坝轴线最好短而直,但根据实际情况,有时为了利用高程较高的地形以

减少工程量,或为避开不利的地质条件,或为便于施工,也可采用较长的直线或折线或部分曲线。

当挡水建筑同时负责连接两岸的主要交通路线时,坝轴线与两岸之间的连接在转弯的半径和坡度上必须满足交通规定。

对于那些用于封闭高程不足的山垭口的副坝,我们不应仅追求小的工程量,而应该将坝的轴线设置在垭口的山脊上。这种类型的坝坡有可能引发局部的滑动现象,从而有可能导致坝体出现裂痕。在这样的场景中,通常会把副坝的中心线设置在山脊的稍微上游的位置,以防止下游形成贴坡式的填土坝坡。由于下游的山坡过于陡峭,还需要适度地进行削坡操作以确保其稳定性。

②泄水及取水建筑物的布置。泄水及取水建筑物的类型和布置,常决定于挡水建筑物所采用的坝型和坝址附近的地质条件。

土坝枢纽:通常情况下,土坝枢纽主要的泄水建筑是河岸溢洪道,而用于取水的建筑和辅助泄水设施则是通过在两侧山体中挖掘的隧道或埋在坝体下方的涵管来实现的。如果两岸的地形都是陡峭的,但存在一个高程适宜的马鞍形垭口,或两岸的地形都是平缓的,并且有马鞍形的山脊,还有需要建设副坝来挡水的地方,再加上方便洪水流入河流的通道,那么这里就是布置河岸溢洪道的理想位置。如果在这些特定位置设置了溢洪道入口,但随后的泄洪路径是导向另一条河道的,那么只要该方案在经济上是合理的,并且能够有效地解决另一条河道的防洪问题,那么这也是一个相当不错的选择。对于上面提到的在有利条件下布置溢洪道的土坝枢纽,枢纽内的其他建筑布局通常能轻松满足各自的需求,且干扰程度相对较低。在坝址附近或上游较远的区域没有上述有利条件的情况下,通常会选择采用坝肩溢洪道的布局方式。

重力坝枢纽:在混凝土或浆砌石重力坝枢纽的设计中,河床式溢洪道(溢流坝段)通常被选为主要的泄水结构,而用于取水和辅助泄水的建筑物则通常设置在坝体内部的通道或挖掘在两侧山体中的隧道。泄水建筑的设计应确保排放的水流方向尽可能地与原始河流的轴线方向保持一致,以利于下游河床的稳定性。当坝轴线上的地质状况发生变化时,溢流坝的布局应当基于一个相对稳固的基础之上。当在含沙量较大的河道上建设水利关键节点时,排水和取水设施的布局必须充分考虑到水库的淤积问题。

下游河床受冲刷的影响,在含有大量泥沙的河流枢纽中,通常会设置大直径的底孔或隧道,以便在汛期进行泄洪和排沙操作,从而延长水库的使用寿命;在汛期洪水时,如果发现有大量的悬浮物微粒,我们应该考虑使用分层的取水方式,并通过泄水排沙孔来解决长期的浊水问题,从而减少对环境的不利影响。

③电站、航运及过木等专门建筑物的布置。对于水电站、船闸、过木等专门建筑物的布置,最重要的是保证它们具有良好的运用条件,并便于管理。关键是进、出口的水流条件。布置时须选择好这些建筑物本身及其进、出口的位置,并处理好它们与泄水建筑物及其进、出口之间的关系。

电站的建筑布局应当确保通向上游和下游的水道长度尽可能短,水流流畅,水头损耗最小,同时进水口不应受到淤积或冰块等物质的冲击;尾水渠应当具备充分的深度和宽度,其平面的弯曲度应保持在一个相对较低的水平,并且深度应逐步变化,同时需要与自然河道或渠道保持平稳的连接;在设计泄水建筑物的出口水流或消能设备时,应避免过度抬高电站的尾部水位。此外,为了简化地基的处理过程,电站的厂房应该被安置在良好的地基之上,且还需要考虑尾水管的高度,以防止在石面上过度挖掘;工厂的位置应当尽量选择在可以优先进行施工的区域,以确保能够尽快开始运作。电站最理想的位置是靠近交通路线的河岸,与公路或铁路保持紧密地连接,以方便设备的搬运;变电站的位置应当是合适的,并且应尽可能接近电站。航运设施的上游入口和下游出口都应确保有足够的水深,方向应保持直线,并与原河道平稳相连。同时,应避免或仅有少量的横向水流,以确保船舶和木筏不会被冲入溢流口。船闸、码头或筏道及其停泊点通常应设置在同一侧,并应穿越溢流坝的前缘。船闸与码头、筏道、停泊点之间的航道应尽量缩短,以确保在库区风浪较大的情况下仍能顺利航行。

为了避免施工和运用期间的干扰,船闸和电站最好各自设置在两岸。当需要在同一岸进行布置时,水电站的厂房最理想的位置是靠近河流的一侧,而船闸则应选择靠近河岸或直接进入河岸的位置,这样更便于规划导航路径。最理想的筏道位置是电站对面的岸边。筏道的上游通常需要设置停泊点,以便重新绑扎木或竹筏。

在水利枢纽中,通航、过木,以及过鱼等建筑物的布置均应与其形式和特点相适应,以满足正常的运用要求。

二、水库施工

(一)水库施工的要点

1.做好前期设计工作

水库工程设计的单位必须明确设计的权利和责任,并在设计过程中对设计规范进行质量管理。设计流程、设计文件的审核,以及设计标准和设计文件的储存与发布等多个环节,都必须依赖工程设计质量控制体系来进行。在进行设计交接的过程中,设计单位会派遣设计代表来完成技术的交接,以及提供相关的技术服务。在施工交接阶段,应依据现场施工实际状况,对设计方案进行全面优化,并做出必要的调整与更改。在项目建设过程中,如果需要进行重大的设计变更、子项目的调整、建设标准的调整或概算的调整等,那么必须组织开展充分的技术论证,由业主委员会提出并编制相应的文件,然后提交给上级部门进行审查,最后再报给项目复核和审批单位,以确保完成所有必要的手续;在进行一般的设计更改时,项目主管机构和项目法人等也应当及时执行相关的审批流程。在监理工程师审核之后,需要提交给总工程师进行审批。设计单位提交的设计文档首先需要业主总工程师的审核,然后提交给监理工程师进行审查,未经监理工程师审核批准的图纸是不允许交付给施工单位的。我们必须坚决避免以"优化设计"为理由,人为地降低工程的标准或减少建设项目而导致的安全隐患。

2. 强化施工现场管理

我们必须严格执行工程建设的管理流程,确保项目法人责任制、招标投标制、建设监理制和合同管理制得到严格执行,保障工程建设的质量、进度和安全性。业主和施工单位签署的施工承包合同中的质量控制、质量保证、要求和说明,承包商必须根据监理的指示,严格遵守执行。在施工过程中,承包商必须严格遵循"三检制"的质量准则。当工序结束时,必须由业主的现场管理人员或监理工程师的值班人员进行检查和认可。未获得认可的承包商不得进入下一个工序进行施工。对于关键的施工环节,都应建立完善的验收程序和签证制度,同时监理人员也需要陪同完成作业。在施工现场,值班人员采取了旁站的方式,密切跟随并监督承包商按照合同规定进行施工,确保对项目的每一个环节都有严格地掌控,并始终要遵循"五个不准"的原则。为了确保工程的质量,及时掌握工程的质量状况,对施工过程中的各个环节进行详细核查,并为施工现场做详细记录。在更换班次时,双方人员需要签字确认,而值班人员则需对这些记录的完整性和真实性负责。

3. 加强管理人员协商

为了协调施工各方关系,业主驻现场工程处每日召开工程现场管理人员碰头会,检查每日工程进度情况、施工中存在的问题,提出改进工作的意见。监理部每月五日、二十五日召开施工单位生产协调会议,由总监主持,重点解决急需解决的施工干扰问题,会议形成纪要文件,会议结束后,承包商按工程师的决定执行。

4. 构建质量监督体系

为了对水库工程的质量进行监控,我们可以采用查、看、问和核的方法。查,即对参与建设的各方相关资料进行严格的随机检查。例如,检查监理单位的具体监理操作规定和监理日志;对施工单位的施工组织设计、施工日志和监测试验资料进行随机检查。看,即查看工程实物,通过对这些工程物品的质量进行评估,我们能够判断相关的技术标准和规定是否得到了执行。当问题被识别出来时,应当迅速给出改进的建议。问,即查问,是指对不同的参建对象进行询问,以获取有关各方在法律法规和合同执行方面的信息,并在发现问题时立即采取相应措施。核,即核实工程质量,而工程质量评定报告不仅展现了质量监管的权威,还对参与建设的各方行为进行了有效的监督。

5.合理确定限制水位

通常,决定是否降低某些水库的防洪标准是基于坝高和水头高度来确定的。在 15m 以下的坝高土坝和水头小于 10m 的情况下,应使用平原区的标准,在这种情况下,水库的防洪标准响应会降低。在调洪时,确保起调水位的合理性需要考虑两个方面:首先,如果原水库设计中没有汛期限制水位,只有正常蓄水位,那么在调洪时应以正常蓄水位作为起调水位。其次,如果在原先的计划中有汛期的限制水位,那么应当以此为基准,并对水库在汛期后的蓄水状况进行深入的研究。

(二)水库帷幕灌浆施工

根据灌浆设计要求,帷幕灌浆前由施工单位在左、右坝肩分别进行了灌浆试验,进一步确定了选定工艺对应的灌浆孔距、灌浆方法、灌浆单注量和灌浆压力等主要技术参数及控制指标。

1.钻孔

灌浆孔测量定位后,钻孔采用 100 型或 150 型回转式地质钻机,直径 91mm 金刚石或硬质合金钻头。设计孔深 17.5～48.9m,按照单排 2m 孔距沿坝轴线布孔,分三个序次逐渐加密灌浆。钻孔具体要求如下:

(1)所有灌浆孔按照技施图认真统一编号,精确测量放线并报监理复核,复核认可后方可开钻。开孔位置与技施图偏差大于或等于 2cm,最后,终孔深度应符合设计规定。若需要增加孔深,必须取得监理及设计人员的同意。

(2)施工中高度重视机械操作及用电安全,钻机安装要平正牢固,立轴铅直。开孔钻进采用较长粗径钻具,并适当控制钻进速度及压力。井口管埋设好后,选用较小口径钻具继续钻孔,若孔壁坍塌,应考虑跟管钻进。

(3)钻孔过程中应进行孔斜测量,每个灌段(即 5m 左右)测斜一次。各孔必须保证铅直,孔斜率小于或等于 1%。测斜结束,将测斜值记录汇总,如发现偏斜超过要求,确认对帷幕灌浆质量有影响,应及时纠正或采取补救措施。

(4)对设计和监理工程师要求的取芯钻孔,应对岩层、岩性及孔内各种情况进行详细记录,统一编号,填牌装箱,采用数码摄像,进行岩芯描述并绘制钻孔柱状图。

(5)如钻孔出现塌孔或掉块难以钻进时,应先采取措施进行处理,再继续钻进。如发现集中漏水,应立即停钻,查明漏水部位、漏水量及原因,处理后再进行钻进。

(6)钻孔结束等待灌浆或灌浆结束等待钻进时,孔口应堵盖,妥善加以保护,防止杂物掉入从而影响下一道工序的实施和灌浆质量。

2.洗孔

(1)灌浆孔在灌浆前应进行钻孔冲洗,孔底沉积厚度不得超过 20cm。洗孔宜采用清洁的压力水进行裂隙冲洗,直至回水清净为止。

(2)帷幕灌浆孔(段)因故中断时间间隔超过 24h 的应在灌浆前重新进行冲洗。

3.制浆材料及浆液搅拌

这个工程的帷幕灌浆过程主要是基础处理,灌入的浆液是纯水泥浆,使用强度等级 32.5 的普通硅酸盐水泥,并采用 150L 的灰浆搅拌机制浆。每一批次的水泥都必须有合格卡,并且每一批次的水泥都需要附带生产厂家的质量检查报告。在施工过程中,使用的水泥必须严格遵循水泥配制表的规定,确保称量误差不超过 3‰。任何因受湿而硬化的水泥都是禁止使用的。用于施工的水是从经过水质检测合格的水库上游引入的,而制浆所需的水量则严格按照搅浆桶的容积进行精确调配。水泥混合物需要经过均匀搅拌,使用 150L 的电动普通搅拌机进行搅拌,搅拌的时间不应少于 3min,在使用前对浆液进行筛选,确保从制备开始到结束的时间少于 4h。

4.灌前压水试验

在施工过程中,采用从上到下的分段卡塞方式来进行压水试验。所有工序中的灌浆孔都是通过简易压水(即单点法)来完成的,而检查孔则是通过五点法来进行压水试验。在工序灌浆孔的压水试验中,压力值是按照灌浆压力的 0.6 倍来计算的,但其最大压力绝不能超出设计水头的 1.5 倍。在进行压水试验之前,首先需要对孔内的稳定水位进行测量,并检验止水的效果,只有当效果达到预期时,才可以开始压水试验。

5.灌浆工艺选定

(1)灌浆方法。

基岩部分采用自上而下孔内循环式分段灌注,射浆管口距孔底小于或等于 50cm,灌段长 5~6m。

(2)灌浆压力。

采用循环式纯压灌浆,压力表安装在孔口进浆管路上。灌浆压力采用下列公式计算:

$$P_1 = P_0 + MD$$

式中　P_1——灌浆压力;

　　　P_0——岩石表面所允许的压力;

　　　M——灌浆段顶板在岩石中每加深 1m 所允许增加的压力值;

　　　D——灌浆段顶部上覆地层的厚度。

因表层基岩节理、裂隙发育较破碎,M 取 0.15~0.2m,$P_0=1.0$。

(3)浆液配制。

灌浆浆液的浓度按照由稀到浓,逐级调整的严责进行。水灰比按

5∶1、3∶1、2∶1、1∶1、0.8∶1、0.6∶1、0.5∶1 七个级逐级调浓使用,起始水灰比5∶1。

(4)浆液调级。

在灌浆压力保持不变,吃浆量逐渐减少,或注入率保持不变但灌浆压力持续上升的情况下,水灰比级别不得改变;在某一特定比级的浆液注入量超出300L 或灌浆时间长达1h,但灌浆压力和注入率没有明显变化或变化不大的情况下,建议调整浓度至一级;在耗浆量超过30L/min 的情况下,一旦检查确认没有出现漏浆或冒浆的现象,那么应当立刻进行越级的浓浆灌注转换;在灌浆的过程中,灌浆的压力会突然上升或下降,这种变化是相当显著的;当吃浆量突然大幅上升时,我们应当给予高度的关注,并及时向值班的技术人员报告,以便其进行深入的原因分析,并实施必要的调整策略。在灌浆的过程中,如果回浆变得更浓,建议更换为具有相同水灰比的新浆进行灌注,如果效果不是很明显,可以继续灌注30min,然后停止灌注。

(5)灌浆结束标准。

在规定压力下,当注入率小于或等于1L/min 时,继续灌注90min;当注入率小于或等于0.4L/min 时,继续灌注60min,可结束灌浆。

(6)封孔。

单孔灌浆结束后,必须及时做好封孔工作。封孔前由监理工程师、施工单位、建设单位技术员共同及时进行单孔验收。验收合格采用全孔段压力灌浆封孔,浆液配比与灌浆浆液相同,即灌什么浆用什么浆封孔,直至孔口不再向下沉为止,每孔限3d 封好。

6.灌浆过程中特殊情况处理

关于冒浆、漏浆和串浆的处理:在灌浆的过程中,必须进行严格的巡查,一旦发现岸坡或井口出现冒浆或漏浆的现象,应立刻停止灌水,及时分析并确定原因后,采用嵌缝、表面封堵、低压、浓浆、限流、限量和间歇灌浆等具体方法处理。当相邻的两个孔出现串浆现象时,如果被串孔满足灌浆的条件,可选择串通的孔分别进行灌浆,也就是说,两台泵可以同时灌入两个孔。另一种处理方式是首先用木塞封闭被串孔,然后继续进行灌浆工作,待串浆孔灌浆结束,再对被串孔进行重新的扫孔、洗孔、灌浆和钻进操作。

7. 灌浆质量控制

在进行灌浆之前,质量控制是首要任务。我们需要对孔位、孔深、孔斜率和孔内止水等关键工序进行严格的检查和验收,并始终坚持质量的一票否决原则。如果前一个工序没有通过检验,那么下一道工序是不允许进行的。在灌浆过程的质量管理中,我们必须严格遵循设计标准和施工技术规范,确保灌浆压力、水灰比和变浆标准等都得到严格的控制,并确保灌浆结束时的标准得到严格把关,以确保灌浆的主要技术参数都符合设计和规范的要求。在灌浆的整个过程中,质量控制首先在施工单位内部实施 3 检制,3 检完成后,需要向监理工程师报告,然后进行最后的检查验收和质量评估。为了确保中间产品和成品的高质量,监理单位的质检员必须坚守工作岗位,实时监控施工进度,并在各个施工环节实施严格的控制,以实现多跑、多看、多问的原则,一旦发现问题,应立即采取解决措施。在施工过程中,必须确保原始记录的准确性,并对所有资料档案进行汇总整理及时归档。由于灌浆是一个地下隐蔽的工程项目,其质量效果的评估主要依赖多种记录和统计数据。如果没有完整、客观和详尽的施工原始记录,就无法对灌浆质量进行科学合理的评价。在灌浆完成后,进行质量检查,经过 14d 的灌浆生产孔后,根据各个单元工程的划分,布置检查孔以收集相关数据,并对灌浆的质量进行评估。

(三)水库工程大坝施工

1. 施工工艺流程

(1)上游平台以下施工工艺流程。

浆砌石坡脚砌筑和坝坡处理→粗砂铺筑→土工布铺设→筛余卵砾石铺筑和碾压→碎石垫层铺筑→混凝土砌块护坡砌筑→混凝土锚固梁浇筑→工作面清理。

（2）上游平台施工工艺流程。

平台面处理→粗砂铺筑→天然砂砾料铺筑和碾压→平台混凝土锚固梁浇筑→砌筑十字波浪砖→工作面清理。

（3）上游平台以上施工工艺流程。

坝坡处理→粗砂铺筑→天然砂砾料铺筑碾压→筛余卵砾石铺筑和碾压→碎石垫层铺筑→混凝土预制砌块护坡砌筑→混凝土锚固梁及坝顶税封顶浇注→工作面清理。

（4）下游坝脚排水体处施工工艺流程。

浆砌石排水沟砌筑和坝坡处理→土工布铺设→筛余卵砾石分层铺筑和碾压→碎石垫层铺筑→水工砖护坡砌筑→工作面清理。

（5）下游坝脚排水体以上施工工艺流程。

坝坡处理→天然砂砾料铺筑和碾压→混凝土预制砌块护坡砌筑→工作面清理。

2. 施工方法

（1）坝体削坡。

根据坝体填筑高度拟按 2～2.5m 削坡一次。测量人员放样后，采用了 1 部 1.0m³ 反铲挖掘机削坡，预留 20cm 保护层待填筑反滤料之前，由人工自上而下削除。

（2）上游浆砌石坡脚及下游浆砌石排水沟砌筑。

严格按照图纸施工，基础开挖完成并验收合格后，方可开始砌筑。浆砌石采用铺浆法砌筑，依照搭设的样架，逐层挂线，同一层要大致水平铺垫稳固。块石大面向下，安放平稳，错缝卧砌，石块间的砂浆插捣密实，并做到砌筑表面平整美观。

（3）底层粗砂铺设。

底层粗砂沿坝轴方向每 150m 为一段，分段摊铺碾压。具体施工方法为：自卸车运送粗砂至坝面后，从平台及坝顶向坡面到料，人工摊铺、平整，平板振捣器拉三遍振实；平台部位粗砂垫层人工摊铺平整后采用光面振动碾顺坝轴线方向碾压压实。

（4）土工布铺设。

土工布由人工铺设，铺设过程中，作业人员不得穿硬底鞋及带钉的鞋。土工布铺设要平整，与坡面相贴，呈自然松弛状态，以适应变形。接头采用手提式缝纫机缝合三道，缝合宽度为10cm，以保证接缝施工质量要求；土工布铺设完成后，必须妥善保护，以防受损。为了减少土工布的暴晒，摊铺后七日内必须完成上部的筛余卵砾石层铺筑。

①上游土工布。土工布与上游坡脚浆砌石的锚固方法为：压在浆砌石底的土工布向上游伸出30cm，包在浆砌石上游面上，土工布与土槽之间的空隙用M10砂浆填实。与107.4平台的锚固方法为：在107.4平台坡肩50cm处挖30cm×30cm的土槽，土工布压入土槽后用土压实，以防止土工布下滑。

②下游土工布。下部压入排水沟浆砌石底部1m、上部范围为高出透水砖铅直方向0.75m，并且用扒钉在顶部固定。

（5）反滤层铺设。

天然砂砾料及筛余卵砾料铺筑沿坝轴方向每250m为一段，分段摊铺碾压。具体施工方法如下：

①天然砂砾料。自卸车运送天然砂砾料至坝面后从平台及坝顶卸料，推土机机械摊铺，人工辅助平整，然后采用山推160推土机沿坡面上下行驶碾压8遍；平台处天然砂砾料推土机机械摊铺人工辅助平整后，碾压机械顺坝轴线方向碾压6遍。由于2＋700～3＋300坝段平台处天然砂砾料为70cm厚，所以应分两层摊铺、碾压。天然砂砾料设计压实标准为相对密度不低于0.75。

②筛余卵砾石。自卸车运送筛余卵砾料至坝面后从平台及坝顶向坡面到料，推土机机械摊铺，人工辅助平整，然后采用山推160推土机沿坡面上下行驶碾压。上游筛余卵砾料应分层碾压，铺筑厚度不超过60cm，碾压8遍；下游坝脚排水体处护坡筛余料按设计分为两层，底层为50cm厚筛余料，上层为40cm厚直径大于20mm的筛余料，故应根据设计要求分别铺筑、碾压。筛余卵砾石设计压实标准为孔隙率不大于25%。

(6)混凝土砌块砌筑。

①施工技术要求。

第一,混凝土砌块自下而上砌筑,砌块的长度方向水平铺设,下沿第一行砌块与浆砌石护脚用现浇 C25 混凝土锚固,锚固混凝土与浆砌石护脚应结合良好。

第二,从左(或右)下角铺设其他混凝土砌块,应水平方向分层铺设,不得垂直护脚方向铺设。铺设时,应固定两头,均匀上升,以防止产生累计误差,影响铺设质量。

第三,为增强混凝土砌块护坡的整体性,拟每间隔 150 块顺坝坡垂直坝轴方向设混凝土锚固梁一道。锚固梁采用现浇 C25 混凝土,梁宽40cm,梁高 40cm,锚固梁两侧半块空缺部分用现浇混凝土充填和锚固梁同时浇筑。

第四,将连锁砌块铺设至上游 107.4 高程和坝顶部位时,应在平台边坡部位和坝顶部位设现浇混凝土锚固连接砌块,上述部位连锁砌块必须与现浇混凝土锚固。

第五,护坡砌筑至坝顶后,应在防浪墙底座施工完成后浇筑护坡砌块的顶部与防浪墙底座之间的锚固混凝土。

第六,如需进行连锁砌块面层色彩处理时,应清除连锁砌块表面浮灰及其他杂物,如需水洗时,可用水冲洗,待水干后即可进行色彩处理。

第七,根据图纸和设计要求,用砂或天然砂砾料(筛余 2cm 以上颗粒)填充砌块开孔和接缝。

第八,下游水工连锁砌块和不开孔砌块分界部位可采用切割或 C25 混凝土现浇连接。水工连锁砌块和坡脚浆砌石排水沟之间的连接采用C25 混凝土现浇连接。

②砌块砌筑施工方法。

第一,确定数条砌体水平缝的高程,各坝段均以此为基准。然后由测量组把水平基线和垂直坝轴线方向分块线定好,并用水泥砂浆固定基线控制桩,来防止基线的变动造成误差。

第二,运输预制块,首先用运载车辆把预制块从生产区运到施工区,由人工抬运到护坡面上来。

第三,用瓦刀清除预制块中的多余灰渣,然后采用专门设计的工具(如抬耙)将预制块移至预定的位置,并与已经放置好的预制块咬合相连锁,这种咬合式预制块的尺寸为 46cm×34cm。在具体施工过程中,需要使用几种特定的工具,包括:抬的工具,与钉耙相似,我们暂时称为抬耙;瓦刀与大约 80cm 长的撬杠被用来调整预制块的间距和平整度;木棒被用来冲撞那些没有放入的预制块;为了确保预制块的平整度,我们通常使用铝合金靠尺和水平尺进行校验。我们可以用五个字来描述施工工艺:抬、敲、放、调、平。抬指将预制块放置在预定的地方;敲指使用瓦刀把灰渣敲打干净,这样预制块就可以顺利地组装起来;放指两人使用专门设计的工具将预制块放置在指定位置;调指使用专门的撬杠来调整预制块之间的间距和高低;平指采用水平尺、靠尺和木棒来对预制块的平整度进行校验。

(7)锚固梁浇筑。

在大坝上游坝脚处设有小型搅拌机。按照设计要求混凝土锚固梁高 40cm,故先由人工开挖至设计深度,人工用胶轮车转运混凝土入仓并振捣密实,人工抹面收光。

(四)水库除险加固

对于土坝,需要仔细检查其上下游是否存在连通的孔洞,防渗体是否存在破坏、裂缝,还要检查是否有过大的变形导致的坍塌迹象。对于混凝土坝,需要对混凝土的老化程度、钢筋的锈蚀状况等进行检查,以确定是否有明显的裂缝存在。此外,是否需要更换或修复进、出水口的闸门、渠道和管道也是一个待考虑的问题。在库区内,是否存在如滑坡体、山坡蠕变等相关问题。

1.病险水库的治理

(1)为了持续加强病险水库的除险加固建设,必须实施半月报制度,并根据"分级管理,分级负责"的原则,各级政府都应设立专门的治理资金。每月都需要对地方的配套资金、投资完成、完工和验收情况进行排序，并通过印发文件和网站公示的方式向全国通报。通过信息的报送和公示，我们能够实时了解各个地区的发展状况，动态监控，并及时进行评估和分析，以识别不利因素，从而为未来的工作方向提供有力的决策参考。与此同时，根据病险水库治理的进展情况，要积极稳妥地推进小型水库产权制度的改革。在需要进行风险消除和加固的区域，也应逐级建立和完善信息上报机制，指派对业务有深入了解并高度负责的人员来执行，以确保数据的及时和准确提交；与此同时，需要对全省和全市正在进行的所有项目进度排序，并与项目的政府主管部门和建设单位的责任人名单一起公布，以便能够接受社会的监督。在进行病险水库的加固规划时，我们应当考虑引入先进的管理设施，如防汛指挥调度网络、水文水情测报自动化系统和大坝监测自动化系统。同时，对于那些不能满足实际需求的防汛道路和防汛物资仓库等设施，也需要进行相应的改造。

　　（2）为了确保工程的顺利进行和安全性，我们需要加强管理。这包括督促各地进一步强化病险水库除险加固的组织和建设管理，同时也要加强施工过程中的质量和安全监管，以确保工程质量和施工安全得到保障，从而全面完成既定的目标任务。首先，我们必须严格执行建设管理，严格遵守项目法人的责任制、招标投标制和建设监理制，加强施工现场的组织和建设管理，科学地调配施工力量，努力激发各方的积极性，确保项目的组织和实施都做得很好。其次，我们要重点关注任务繁重、需要大量投资且工期较长的大中型水库项目，并将项目众多的市县视为工作的焦点，针对性地进行重点的指导和帮扶。再次，严格执行工程验收程序，根据项目验收的预定计划，明确验收的责任主体，科学组织工作流程，严密进行质量控制，并确保在年底之前完成所有项目的竣工验收或正式投入使用验收。最后，严格把控质量和安全，在施工过程中加强质量和安全的监督管理，构建一个全面的质量保障体系，确保建设单位的责任心、监理单位的有效管理、施工单位的实质性保障，以及政府的全面监督，从而确保工程的质量和施工的一切安全。

2. 水库除险加固的施工

我们需要加大对施工人员文明施工的宣传和教育力度,统一观念,让广大的干部和职工明白文明施工不仅反映了企业的形象和团队的素质,而且是安全生产的保证,同时也强化了现场管理和所有员工对文明施工的自觉性。在建设过程中,我们需要与当地的居民和政府保持良好的合作关系,共同打造一个文明的施工环境。我们需要明确各级领导、相关职能部门及个人在文明施工中的职责和义务,并在思维、管理、实践、规划和技术方面给予足够的重视,以确保现场文明施工的质量和水平得到真正的提升。完善各种文明施工管理体系,包括但不限于岗位责任制、会议制度、经济责任制、专业管理制度、奖惩制度、检查制度与资料管理制度。对于不遵循统一指导和管理的行径,必须根据相关条例进行严格的处罚。在正式施工之前,所有的施工团队都应深入学习水库文明公约,并严格遵循公约中的各项条款。在施工现场,施工团队的生产管理完全遵循施工技术标准和施工流程,不违规操作,不盲目行动。在施工现场,应持续地进行整顿、整理、清扫、清洁和提高专业素养,确保施工过程文明有序。场地的布局应当合理,所有的临时施工设备都必须满足规定的标准,确保场地干净、道路流畅、排水系统畅通、标识醒目,并确保生产环境满足这些标准。考虑到工程的独特性,需要加强对现场施工的管理,以降低施工对其周边环境产生的所有干扰和影响。主动地接受来自社会的监管。在施工现场,必须确保所有的工作都已完成且材料都已清理干净,同时要确保垃圾和杂物整齐堆放,并及时处理;要始终致力于保持场地的干净、道路的流畅、排水系统的畅通和显眼的标识,以实现生产环境的标准化。严格禁止施工废水的随意排放,并确保施工废水在经过沉淀处理后用于洒水降尘。加大对施工现场的管理力度,并严格遵循相关部门批准的平面布局图来进行场地的建设工作。临时的建筑结构必须坚固、干净、安全,并且要满足消防标准。施工区域使用了完全封闭的围挡设计,同时施工场地和道路都按照规定进行硬化,以确保其厚度和强度能够满足施工和行车的需求。根据预定的设计来设置电力线路,严格禁止随意拉线接电,并且绝不允许使用任何电炉或明火来烧煮食物。施工区域和道路必须保持平整和畅通,并配备适当的安全保护措施和安全标识。根据规定,工地的主要入口和出口都应安装交通指示标识和警示灯,并指派专职人员进行交通疏导,以确保车辆和行人的安全。各种工程材料和制品构件都被分类并有序地整齐堆放;机械设备需要进行固定的机器和人员维护,并确保其正常运作,同时保持机器的整洁。在施工过程中,严格遵循审定的施工组织设计,确保每一道工序都得到妥善处理,保证工地没有淤泥和积水,保证施工道路的平坦性和流畅性,从而达到文明施工和合理施工的目标。尽量使用低噪声的设备来严格控制噪声,并对特定的设备实施降噪措施,以最大限度地减少噪声对周围环境的影响。施工现场的人员必须统一着装,严格佩戴胸卡和安全头盔,并严格遵循现场的所有规定和制度,不允许非施工人员进入施工区域。需要加大对土方施工的管理力度。弃渣不得随意弃置,必须运至规定的弃渣场。[①] 外运和内运土方时绝不准超高,并且采取遮盖维护措施,防止泥土沿途遗漏污染到马路。

---

①梁志国,段李浩,代科,等.城市轨道交通土建工程施工技术[M].武汉:华中科技大学出版社,2022.

第二章 水利工程地基处理技术

第一节 岩基处理方法

一、岩基灌浆的分类

水工建筑物的岩基灌浆按其作用,可分为固结灌浆、帷幕灌浆和接触灌浆。灌浆技术不仅大量运用于建筑物的基岩处理,而且也是进行水工隧洞围岩固结、衬砌回填、超前支护,混凝土坝体接缝,以及建(构)筑物补强、堵漏等方面的主要措施。

(一)帷幕灌浆

帷幕灌浆是布置在靠近建筑物上游迎水面的坝基内,形成一道连续的平行建筑物轴线的防渗幕墙。其目的是减少基岩的渗流量、降低基岩的渗透压力、保证基础的渗透稳定。帷幕灌浆的深度主要由作用水头及地质条件等确定,较之固结灌浆要深得多,有些工程的帷幕深度超过百米。在施工中,通常采用单孔灌浆,所使用的灌浆压力比较大。

帷幕灌浆一般安排在水库蓄水前完成,这样有利于保证灌浆的质量。由于帷幕灌浆的工程量较大,与坝体施工在时间安排上有矛盾,所以通常安排在坝体基础灌浆廊道内进行。这样既可实现坝体上升与岩基灌浆同步进行,也为灌浆施工提供了一定厚度的混凝土压重,有利于提高灌浆压力、保证灌浆质量。

(二)固结灌浆

固结灌浆的目的是提高基岩的整体性与强度、降低基础的透水性。当基岩地质条件较好时,一般可在坝基上、下游应力较大的部位布置固结灌浆孔;在地质条件较差而坝体较高的情况下,则需要对坝基进行全面的固结灌浆,甚至在坝基以外上、下游一定范围内也要进行固结灌浆。灌浆孔的深度一般为5~8m,也有深达15~40m的,各孔在平面上呈网格交错布置。固结灌浆通常采用群孔冲洗和群孔灌浆两种方式。

固结灌浆宜在一定厚度的坝体基层混凝土上进行,这样可以防止基岩表面冒浆,并采用较大的灌浆压力,提高灌浆效果,同时也兼顾坝体与基岩的接触灌浆。如果基岩比较坚硬、完整,为了加快施工速度,也可直接在基岩表面进行无混凝土压重的固结灌浆。在基层混凝土上进行钻孔灌浆,必须在相应部位的混凝土的强度达到50%设计强度后,方可开始;或者先在岩基上钻孔,预埋灌浆管,待混凝土浇筑到一定厚度后再灌浆。同一地段的基岩灌浆必须按先固结灌浆后帷幕灌浆的顺序进行。

(三)接触灌浆

接触灌浆的目的是增强坝体混凝土与坝基或岸肩之间的结合能力,提高坝体的抗滑稳定性。一般是通过混凝土钻孔压浆或预先在接触面上埋设灌浆盒及相应的管道系统,也可结合固结灌浆进行。

接触灌浆应安排在坝体混凝土达到稳定温度以后进行,防止混凝土收缩裂缝的产生。

二、灌浆的材料

岩基灌浆的浆液,一般应该满足如下要求。

(1)浆液在受灌的岩层中应具有良好的可灌性,即在一定的压力下,能灌入裂隙、空隙或孔洞中,充填密实。

(2)浆液硬化成结石后,应具有良好的防渗性能、必要的强度和黏结力。

(3)为便于施工和增大浆液的扩散范围,浆液应具有良好的流动性。

(4)浆液应具有较好的稳定性,吸水率低。

岩基灌浆以水泥灌浆最普遍。灌入基岩的水泥浆液,由水泥与水按一定配比制成,水泥浆液呈悬浮状态。水泥灌浆具有灌浆效果可靠、灌浆设备与工艺比较简单、材料成本低廉等优点。

水泥浆液所采用的水泥品种,应根据灌浆目的和环境水的侵蚀作用等因素确定。一般情况下,可采用强度等级不低于 C45 的普通硅酸盐水泥或硅酸盐大坝水泥,如有耐酸等要求时,选用抗硫酸盐水泥。由于矿渣水泥与火山灰质硅酸盐水泥具有吸水快、稳定性差、早期强度低等缺点,一般不宜使用。

水泥颗粒的细度对于灌浆的效果有较大影响。水泥颗粒越细,越能够灌入细微的裂隙中,水泥的水化作用也越完全。帷幕灌浆对水泥细度的要求为通过 $80\mu m$ 方孔筛的筛余量不大于 5%。灌浆用的水泥要符合质量标准,不得使用过期、结块或细度不合要求的水泥。

对于岩体裂隙宽度小于 $200\mu m$ 的地层,普通水泥制成的浆液一般难以灌入。为了提高水泥浆液的可灌性,许多国家陆续研制出各类超细水泥,并在工程中广泛使用。超细水泥颗粒的平均粒径约 $4\mu m$、比表面积为 $8000cm^2/g$,它不仅具有良好的可灌性,同时在结石体强度、环保及价格等方面都具有很大优势,特别适合细微裂隙基岩的灌浆。

在水泥浆液中掺入一些外加剂(如速凝剂、减水剂、早强剂及稳定剂等),可以调节或改善水泥浆液的一些性能,满足工程对浆液的特定要求,提高灌浆效果。外加剂的种类及掺入量应通过试验确定。

在水泥浆液里掺入黏土、砂、粉煤灰,制成水泥黏土浆、水泥砂浆、水泥粉煤灰浆等,可用于注入量大、对结石强度要求不高的岩基灌浆。这主要是为了节省水泥,降低材料成本。砂砾石地基的灌浆主要是采用此类浆液。

当遇到一些特殊的地质条件(如断层、破碎带、细微裂隙等),采用普通水泥浆液难以达到工程要求时,也可采用化学灌浆,即灌注以环氧树脂、聚氨酯、甲凝等高分子材料为基材制成的浆液,其材料成本比较高、灌浆工艺比较复杂。在基岩处理中,化学灌浆仅起辅助作用,一般是先进行水泥灌浆,再在其基础上进行化学灌浆,这样既可提高灌浆质量,也比较经济。

三、水泥灌浆的施工

在岩基处理施工前一般需进行现场灌浆试验。通过试验,可以了解基岩的可灌性、确定合理的施工程序与工艺、提供科学的灌浆参数等,为进行灌浆设计与施工准备提供主要依据。

岩基灌浆施工中的主要工序包括钻孔、钻孔(裂隙)冲洗、压水试验、灌浆、回填封孔等。

(一)钻孔

钻孔质量要求如下:

(1)确保孔位、孔深、孔向符合设计要求。钻孔的方向与深度是保证帷幕灌浆质量的关键。如果钻孔方向有偏斜,钻孔深度达不到要求,则通过各钻孔所灌注的浆液不能连成一体,将形成漏水通路。

(2)力求孔径上下均一、孔壁平顺。孔径均一、孔壁平顺,则灌浆栓塞能够卡紧、卡牢,灌浆时不会产生绕塞返浆。

(3)钻进过程中产生的岩粉细屑较少。钻进过程中如果产生过多的岩粉细屑,容易堵塞孔壁的缝隙,影响灌浆质量,同时也影响工人的作业环境。

在钻孔过程中,根据岩石的硬度完整性和可钻性的不同,分别采用硬质合金钻头、钻粒钻头和金刚钻头。7级以下的岩石多用硬质合金钻头;7级以上用钻粒钻头;石质坚硬且较完整的用金刚石钻头。

帷幕灌浆的钻孔宜采用回转式钻机和金刚石钻头或硬质合金钻头,其钻进效率较高,不受孔深、孔向、孔径和岩石硬度的限制,还可钻取岩芯。钻孔的孔径一般在75~91mm。固结灌浆则可采用各式合适的钻机与钻头。

孔向的控制相对较困难,特别是钻设斜孔,掌握钻孔方向更加困难。在工程实践中,按钻孔深度不同规定了钻孔偏斜的允许值。当深度大于60m时,钻孔偏差不应超过钻孔的间距。钻孔结束后,应对孔深、孔斜和孔底残留物等进行检查,不符合要求的应采取补救处理措施。

为了有利于浆液的扩散和提高浆液结合的密实性，钻孔顺序应和灌浆次序密切配合。一般是当一批钻孔钻进完毕后，随即进行灌浆。钻孔次序则以逐渐加密钻孔数和缩小孔距为原则。对排孔的钻孔顺序，先下游排孔，后上游排孔，最后中间排孔。对统一排孔而言，一般 2~4 次序孔施工，逐渐加密。

(二)钻孔冲洗

钻孔后，要进行钻孔及岩石裂隙的冲洗。冲洗工作通常分为：①钻孔冲洗，将残存在钻孔底和黏滞在孔壁的岩粉铁屑等冲洗出来；②岩层裂隙冲洗，将岩层裂隙中的充填物冲洗出孔外，以便浆液进入腾出的空间，使浆液结石与基岩胶结成整体。在断层、破碎带和细微裂隙等复杂地层中灌浆，冲洗的质量对灌浆效果影响极大。

一般采用灌浆泵将水压入孔内循环管路进行冲洗。将冲洗管插入孔内，用阻塞器将孔口堵紧，用压力水冲洗。也可采用压力水和压缩空气轮换冲洗或压力水和压缩空气混合冲洗的方法。

岩层裂隙冲洗方法分为单孔冲洗和群孔冲洗两种。在岩层比较完整、裂隙比较少的地方，可采用单孔冲洗。冲洗方法有高压压水冲洗、高压脉动冲洗和扬水冲洗等。

当节理裂隙比较发育且在钻孔之间互相串通的地层中时，可采用群孔冲洗。将两个或两个以上的钻孔组成一个孔组，轮换地向一个孔或几个孔压进压力水或压力水混合压缩空气，从另外的孔排出污水，这样反复交替冲洗，直到各个孔出水洁净为止。

群孔冲洗时，沿孔深方向冲洗段的划分不宜过长，否则会使冲洗段内钻孔通过的裂隙条数增多，这样不仅分散冲洗压力和冲洗水量，并且一旦有部分裂隙冲通，水量将相对集中在这几条裂隙中流动，使其他裂隙得不到有效的冲洗。

为了提高冲洗效果，有时可在冲洗液中加入适量的化学剂，如碳酸钠 (Na_2CO_3)、氢氧化钠 (NaOH)、碳酸氢钠 ($NaHCO_3$) 等，以促进泥质充填物的溶解。加入化学剂的品种和掺量，宜通过试验确定。

采用高压水或高压水气冲洗时,要注意监测,防止冲洗范围内岩层的抬动和变形。

(三)压水试验

在冲洗完成并开始灌浆施工前,一般要对灌浆地层进行压水试验。压水试验的主要目的是测定地层的渗透特性,为基岩的灌浆施工提供基本技术资料。压水试验也是检查地层灌浆实际效果的主要方法。

压水试验的原理:在一定的水头压力下,通过钻孔将水压入孔壁四周的缝隙中,根据压入的水量和压水的时间,计算出代表岩层渗透特性的技术参数。一般可采用透水率 q 来表示岩层的渗透特性。所谓透水率,是指在单位时间内,通过单位长度试验孔段,在单位压力作用下所压入的水量。试验成果可用下式计算:

$$q = \frac{Q}{PL}$$

式中　q——地层的透水率,Lu(吕容);

　　　Q——单位时间内试验段的注水总量,L/min;

　　　P——作用于试验段内的全压力,MPa;

　　　L——压水试验段的长度,m。

灌浆施工时的压水试验,使用的压力通常为同段灌浆压力的 80%,但一般不大于 1MPa。

(四)灌浆的方法与工艺

为了确保岩基灌浆的质量,必须注意以下问题。

1. 钻孔灌浆的次序

基岩的钻孔与灌浆应遵循分序加密的原则进行。一方面,可以提高浆液结石的密实性;另一方面,通过后灌序孔透水率和单位吸浆量的分析,可推断先灌序孔的灌浆效果,同时还有利于减少相邻孔串浆现象。

2. 注浆方式

按照灌浆时浆液灌注和流动的特点,灌浆方式有纯压式和循环式两种。

纯压式灌浆就是一次将浆液压入钻孔,并扩散到岩层裂隙中。灌注过程中,浆液从灌浆机向钻孔流动,不再返回。这种灌注方式设备简单,操作方便,但浆液流动速度较慢,容易沉淀,造成管路与岩层缝隙的堵塞,影响浆液扩散。纯压式灌浆多用于吸浆量大、有大裂隙存在、孔深不超过12～15m的情况。

循环式灌浆就是灌浆机把浆液压入钻孔后,一部分浆液被压入岩层缝隙中,另一部分浆液由回浆管返回拌浆筒中。这种方法一方面可使浆液保持流动状态,减少浆液沉淀;另一方面可根据进浆和回浆浆液比重的差别来了解岩层吸收情况,并将其作为判定灌浆结束的一个条件。对于帷幕灌浆,应优先采用循环式。

3. 钻灌方法

按照同一钻孔内的钻灌顺序,钻灌有全孔一次钻灌和全孔分段钻灌两种方法。全孔一次钻灌就是将灌浆孔一次钻到全深,并沿全孔进行灌浆。这种方法施工简便,多用于孔深不超过6m、地质条件良好、基岩比较完整的情况。

一般情况下,灌浆孔段的长度多控制在5～6m。如果地质条件好、岩层比较完整,段长可适当放长,但也不宜超过10m;在岩层破碎、裂隙发育的部位,段长应适当缩短,可取3～4m;而在破碎带、大裂隙等漏水严重的地段,以及坝体与基岩的接触面,应单独分段进行处理。

4. 灌浆压力

灌浆压力通常是指作用在灌浆段中部的压力,可由下式来确定:

$$p = p_1 + p_2 \pm p_f$$

式中　　p——灌浆压力,MPa;

　　　　p_1——灌浆管路中压力表的指示压力,MPa;

　　　　p_2——计入地下水水位影响以后的浆液自重压力,浆液的密度按最大值计算,MPa;

　　　　p_f——浆液在管路中流动时的压力损失,MPa。

计算时,如压力表安设在孔口进浆管上(纯压式灌浆),则按浆液在孔内进浆管中流动时的压力损失进行计算,在公式中取负号;当压力表安设在孔口回浆管上(循环式灌浆),则按浆液在孔内环形截面回浆管中流动时的压力损失进行计算,在公式中取正号。

灌浆压力是控制灌浆质量、提高灌浆经济效益的重要因素。确定灌浆压力的原则是:在不破坏基础和建筑物的前提下,尽可能采用比较高的压力。高压灌浆可以使浆液更好地压入细小缝隙内,增大浆液扩散半径,析出多余的水分,提高灌注材料的密实度。灌浆压力的大小与孔深、岩层性质、有无压重和灌浆质量要求等有关,可参考类似工程的灌浆资料,特别是现场灌浆试验成果确定,并且在具体的灌浆施工中结合现场条件进行调整。

5. 灌浆压力的控制

在灌浆过程中,合理控制灌浆压力和浆液稠度是提高灌浆质量的重要保证。灌浆过程中灌浆压力的控制基本上有两种类型:一次升压法和分级升压法。

(1)一次升压法。灌浆开始后,一次将压力升高到预定的压力,并在这个压力作用下,灌注由稀到浓的浆液。当每一级浓度的浆液注入量和灌注时间达到一定限度以后,就变换浆液配比,逐级加浓。随着浆液浓度的增加,裂隙将被逐渐填充,浆液注入率将逐渐减少,当达到结束标准时,就结束灌浆。这种方法适用于透水性不大、裂隙不甚发育、岩层比较坚硬完整的地方。

(2)分级升压法。分级升压法是将整个灌浆压力分为几个阶段,逐级升压直到预定的压力。开始时,从最低一级压力起灌,当浆液注入率减少到规定的下限时,将压力升高一级,如此逐级升压,直到预定的灌浆压力。

6. 浆液稠度的控制

灌浆过程中,必须根据灌浆压力或吸浆率的变化情况,适时调整浆液的稠度,使岩层的大小缝隙既能灌饱,又不浪费。浆液稠度的变换按先稀后浓的原则控制,这是由于稀浆的流动性较好,宽细裂隙都能进浆,使细小裂隙先灌饱,而后随着浆液稠度逐渐变浓,其他较宽的裂隙也能得到良好的充填。

7.灌浆的结束条件与封孔

灌浆的结束条件,一般用两个指标来控制,一个是残余吸浆量,又称最终吸浆量,即灌到最后的限定吸浆量;另一个是闭浆时间,即在残余吸浆量不变的情况下保持设计规定压力的延续时间。

帷幕灌浆时,在设计规定的压力之下,灌浆孔段的浆液注入率小于0.4L/min时,再延续灌注60min(自上而下法)或30min(自下而上法);或浆液注入率不大于1.0L/min时,继续灌注90min或60min,就可结束灌浆。

对于固结灌浆,其结束标准是浆液注入率不大于0.4L/min,延续时间30min,灌浆可以结束。

灌浆结束以后,应立即将灌浆孔清理干净。对于帷幕灌浆孔,宜采用浓浆灌浆法填实,再用水泥砂浆封孔;对于固结灌浆,孔深小于10m时,可采用机械压浆法进行回填封孔,即通过深入孔底的灌浆管压入浓水泥浆或砂浆,顶出孔内积水,随浆面的上升,缓慢提升灌浆管。当孔深大于10m时,其封孔与帷幕孔相同。

(五)灌浆的质量检查

基岩灌浆属于隐蔽性工程,必须加强灌浆质量的控制与检查。为此,一方面,要认真做好灌浆施工的原始记录,严格灌浆施工的工艺控制,防止违规操作;另一方面,要在一个灌浆区灌浆结束以后,进行专门性的质量检查,做出科学的灌浆质量评定。基岩灌浆的质量检查结果,是整个工程验收的重要依据。

灌浆质量检查的方法很多,常用的方法有:在已灌地区钻设检查孔,通过压水试验和浆液注入率试验进行检查;通过检查孔,钻取岩芯进行检查,或进行钻孔照相和孔内电视,观察孔壁的灌浆质量;开挖平洞、竖井或钻设大口径钻孔,检查人员直接进去观察检查,并在其中进行抗剪强度、弹性模量等方面的试验;利用地球物理勘探技术,测定基岩的弹性模量、弹性波速等,对比这些参数在灌浆前后发生的变化,借以判断灌浆的质量和效果。

四、化学灌浆

化学灌浆是在水泥灌浆基础上发展起来的新型灌浆方法。它是将有机高分子材料配制成的浆液灌入地基或建筑物的裂缝中经胶凝固化后，达到防渗、堵漏、补强、加固的目的。

化学灌浆主要使用的情况有：裂隙与空隙细小（0.1mm以下），颗粒材料不能灌入；对基础的防渗或强度有较高要求；渗透水流的速度较大，其他灌浆材料不能封堵；等等。

（一）化学灌浆的特性

化学灌浆材料有很多品种，每种材料都有其特殊的性能，按灌浆的目的可分为防渗堵漏和补强加固两大类。属于防渗堵漏的有水玻璃、丙凝类、聚氨酯类等；属于补强加固的有环氧树脂类、甲凝类等。化学浆液有以下特性。

（1）化学浆液的黏度低，有的接近于水，有的比水还小。它的特点是流动性好，可灌性高，可以灌入水泥浆液灌不进去的细微裂隙中。

（2）化学浆液的聚合时间能较准确地控制，从几秒到几十分钟，有利于机动灵活地进行施工控制。

（3）化学浆液聚合后的聚合体，渗透系数很小，一般为 $10^{-6} \sim 10^{-5} \mathrm{cm/s}$，防渗效果好。

（4）有些化学浆液聚合体本身的强度及粘结强度比较高，可承受高水头。

（5）化学灌浆材料聚合体的稳定性和耐久性均较好，能抗酸、碱及微生物的侵蚀。

（6）化学灌浆材料都有一定毒性，在配制、施工过程中要十分注意防护，防止对环境的污染。

（二）化学灌浆的施工

由于化学材料配制的浆液为真溶液，不存在粒状灌浆材料所存在的沉淀问题，故化学灌浆都采用纯压式灌浆。

化学灌浆的钻孔和清洗工艺及技术要求，与水泥灌浆基本相同，也遵循分序加密的原则进行钻孔灌浆。

化学灌浆的方法按浆液的混合方式分为单液法灌浆和双液法灌浆。一次配制成的浆液或两种浆液组分在泵送灌注前先行混合的灌浆方法称为单液法。两种浆液组分在泵送后才混合的灌浆方法称为双液法。单液法灌浆施工相对简单,在工程中使用较多。为了保持连续供浆,现在多采用电动式比例泵提供压送浆液的动力。比例泵是专用的化学灌浆设备,由两个出浆量能够任意调整,可实现按设计比例压浆的活塞泵所构成。对于小型工程和个别补强加固的部位,也可采用手压泵。

第二节　防渗墙

一、防渗墙特点

(1)适用范围较广:适用于多种地质条件,如沙土、沙壤土、粉土和直径小于10mm的卵砾石土层,都可以做连续墙,对于岩石地层可以使用冲击钻成槽。

(2)实用性较强:广泛应用于水利水电、工业民用建筑、市政建设等各个领域。塑性混凝土防渗墙可以在江河、湖泊、水库堤坝中起到防渗加固作用;刚性混凝土连续墙可以在工业民用建筑、市政建设中起到挡土、承重作用。混凝土连续墙深度可达一百多米。

(3)施工条件要求较宽:地下连续墙施工时噪声低、振动小,可在较复杂条件下施工,可昼夜施工,加快施工速度。

(4)安全、可靠:地下连续墙技术自诞生以来有了较大发展,在接头的连接技术上也有了很大进步,较好地完成了段与段之间的连接,其渗透系数可达到10^{-7}cm/s以下。作为承重和挡土墙,可以做成刚度较大的钢筋混凝土连续墙。

(5)工程造价较低。

二、防渗墙的分类及适用条件

(1)防渗墙按结构形式可分为桩柱型、槽板型和板桩灌注型等。

（2）防渗墙按墙体材料可分为混凝土、黏土混凝土、钢筋混凝土、自凝灰浆、固化灰浆和少灰混凝土等。

防渗墙的分类及其适用条件见表 2-1。

表 2-1　防渗墙的类型及适用条件

防渗墙类型		特点	适用条件
按结构形式分类	桩柱型 搭接	单孔钻进后浇筑混凝土建成桩柱,桩柱间搭接一定厚度成墙,不易塌孔。造孔精度要求高,搭接厚度不易保证,难以形成等厚度的墙体	各种地层,特别是深度较浅、成层复杂、容易塌孔的地层。多用于低水头工程
	桩柱型 连接	单号孔先钻进建成桩柱,双号孔用异形钻头和双反弧钻头钻进,可连接建成等厚度墙体,施工工艺机具较复杂,不易塌孔,单接缝多	各种地层,特殊条件下,多用于地层深度较大的工程
	槽板型	将防渗墙沿轴线方向分成一定长度的槽段,各槽段分期施工,槽段间卸料用不同连接形式连接成墙。接缝少,工效高,墙厚均匀,防渗效果好。措施不当易发生塌孔现象,不易保证墙体质量	采用不同机具,适用各种不同深度的地层
	板桩灌注型	打入特制钢板桩,提桩注浆成墙,工效高,墙厚小,造价低	深度较浅的松软地层,低水头堤、闸、坝防渗处理
按墙体材料分类	混凝土	普通混凝土,抗压强度和弹性模量较高,抗渗性能好	一般工程
	黏土混凝土	抗渗性能好	一般工程
	钢筋混凝土	能承受较大的弯矩和应力	结构有特殊要求
	自凝灰浆和固化灰浆	灰浆固壁、自凝成墙,或泥浆周围壁然后向泥浆内掺加凝结材料成墙,强度低,弹模低,塑性好	多用于低水头或临时建筑物
	少灰混凝土	利用开挖渣料,掺入黏土和少量水泥,采用岸坡倾灌法浇筑成墙	临时性工程,或有特殊要求的工程

三、防渗墙的作用与结构特点

(一)防渗墙的作用

防渗墙是一种防渗结构,但实际的应用已远远超出了防渗的范围,它可用来解决防渗、防冲、加固、承重及地下截流等工程问题。具体的运用主要有如下几个方面。

(1)控制闸、坝基础的渗流。

(2)控制土石围堰及基础的渗流。

(3)防止泄水建筑物下游基础的冲刷。

(4)加固一些有病害的土石坝及堤防工程。

(5)作为一般水工建筑物基础的承重结构。

(6)拦截地下潜流,抬高地下水位,形成地下水库。

(二)防渗墙的构造特点

防渗墙的类型较多,但从其构造特点来说,主要是两类:槽孔(板)型防渗墙和桩柱型防渗墙。前者是我国水利工程中混凝土防渗墙的主要形式。防渗墙系垂直防渗措施,其立面布置有两种形式:封闭式与悬挂式。封闭式防渗墙是指墙体插入基岩或相对不透水层一定深度,以实现全面截断渗流的目的。而悬挂式防渗墙,墙体只深入地层一定深度,仅能加长渗径,无法完全封闭渗流。对于高水头的坝体或重要的围堰,有时设置两道防渗墙,共同作用,按一定比例分担水头。这时应注意水头的合理分配,避免造成单道墙承受水头过大被破坏,这对另一道墙也是很危险的。

防渗墙的厚度主要由防渗要求、抗渗耐久性、墙体的应力与强度、施工设备等因素确定。其中,防渗墙的耐久性是指抵抗渗流侵蚀和化学溶蚀的性能,这两种破坏作用均与水力梯度有关。

不同的墙体材料具有不同的抗渗耐久性,其允许水力梯度值也就不同。如普通混凝土防渗墙的允许水力梯度值一般在80~100,而塑性混凝土因其抗化学溶蚀性能较好,可达300,水力梯度值一般在50~60。

(三)防渗性能

根据混凝土防渗墙深度、水头压力及地质条件的不同,混凝土防渗墙可以采用不同的厚度,从1.5~0.20m不等。目前,塑性混凝土防渗墙越来越受到重视,它是在普通混凝土中加入黏土、膨润土等材料,大幅度降低水泥掺量而形成的一种新型塑性防渗墙体材料。塑性混凝土防渗墙因其弹性模量低,极限应变大,使得塑性混凝土防渗墙在荷载作用下,墙内应力和应变都很低,这样可提高墙体的安全性和耐久性,且施工方便,能节约水泥,降低工程成本。

四、防渗墙的墙体材料

防渗墙的墙体材料按其抗压强度和弹性模量,一般可分为刚性材料和柔性材料。可在工程性质与技术经济比较后,选择合适的墙体材料。

刚性材料包括普通混凝土、黏土混凝土和粉煤灰混凝土等,其抗压强度大于 5MPa,弹性模量大于 10000MPa。柔性材料的抗压强度则小于 5MPa,弹性模量小于 10000MPa,包括塑性混凝土、自凝灰浆和固化灰浆等。

(一)普通混凝土

普通混凝土是指其强度在 7.5～20MPa,不加其他掺合料的高流动性混凝土。由于防渗墙的混凝土是在泥浆下浇筑,故要求混凝土能在自重下自行流动,并有抗离析与保持水分的性能。其坍落度一般为 18～22cm,扩散度为 34～38cm。

(二)黏土混凝土

在混凝土中掺入一定量的黏土(一般为总量的 12%～20%),不仅可以节省水泥,还可以降低混凝土的弹性模量,改变其变形性能,增强其和易性,以及改善其易堵性。

(三)粉煤灰混凝土

在混凝土中掺加一定比例的粉煤灰,能增强混凝土的和易性,减少混凝土发热量,提高混凝土密实性和抗侵蚀性,使其具有较高的后期强度。

(四)塑性混凝土

塑性混凝土是以黏土和(或)膨润土取代普通混凝土中的大部分水泥所形成的一种柔性墙体材料。塑性混凝土与黏土混凝土有本质区别,因为后者的水泥用量并不多,掺黏土的主要目的是改善和易性,并未过多改变弹性模量。塑性混凝土的水泥用量仅为 80～100kg/m³,这使得塑性混凝土的强度偏低,特别是弹性模量值低到与周围介质(基础)相接近,这时,墙体适应变形的能力大幅提高,几乎不产生拉应力,从而降低了墙体出现开裂现象的概率。

(五)自凝灰浆

自凝灰浆是在固壁浆液(以膨润土为主)中加入水泥和缓凝剂所制成的一种灰浆。自凝灰浆凝固前作为造孔用的固壁泥浆,槽孔造成后则自行凝固成墙。

(六)固化灰浆

在槽锻造孔完成后,向固壁的泥浆中加入水泥等固化材料,沙子、粉煤灰等掺合料,水玻璃等外加剂,经机械搅拌或压缩空气搅拌后,凝固成墙体。

五、防渗墙的施工工艺

槽孔(板)型的防渗墙,是由一段段槽孔套接而成的地下墙。尽管在应用范围、构造形式和墙体材料等方面存在各种类型的防渗墙,但其施工程序与工艺是类似的,主要包括造孔前的准备工作、泥浆固壁与造孔成槽、终孔验收与清孔换浆、槽孔浇筑、全墙质量验收等过程。

(一)造孔准备

造孔前的准备工作是防渗墙施工的一个重要环节。必须根据防渗墙的设计要求和槽孔长度的划分,做好槽孔的测量定位工作,并在此基础上设置导向槽。

导向槽可用木料、条石、灰拌土或混凝土制成。导向槽沿防渗墙轴线设在槽孔上方。导向槽的净宽一般等于或略大于防渗墙的设计厚度,高度以1.5～2.0m为宜。为了维持槽孔的稳定,要求导向槽底部高出地下水位0.5m以上。为了防止地表积水倒流和便于自流排浆,其顶部高程应比两侧地面略高。

导向槽安设好后,在槽侧铺设造孔钻机的轨道,安装钻机,修筑运输道路,架设动力和照明路线,以及供水、供浆管路,做好排水、排浆系统,并向槽内充灌泥浆,保持泥浆液面在槽顶以下 30~50cm。做好这些准备工作以后,就可开始造孔。

（二）固壁泥浆和泥浆系统

在松散透水的地层和坝（堰）体内进行造孔成墙,如何维持槽孔孔壁的稳定是防渗墙施工的关键技术之一。工程实践表明,泥浆固壁是解决这类问题的主要方法。泥浆固壁的原理是:由于槽孔内的泥浆压力要高于地层的水压力,使泥浆渗入槽壁介质,其中较细的颗粒进入空隙,较粗的颗粒附在孔壁上,形成泥皮。泥皮对地下水的流动形成阻力,使槽孔内的泥浆与地层被泥皮隔开。泥浆一般具有较大的密度,所产生的侧压力通过泥皮作用在孔壁上,从而保证了槽壁的稳定。

孔壁任一点土体侧向稳定的极限平衡条件为

$$p_1 = p_2$$

即

$$\gamma_e H = \gamma h + [\gamma_0 a + (\gamma_w - \gamma)h]K$$

其中,

$$K = \mathrm{tg}^2\left(45° - \frac{\varphi}{2}\right)$$

式中　p_1——泥浆压力,kN/m^2;

p_2——地下水压力和土压力之和,kN/m^2;

γ_e——泥浆的容重,kN/m^3;

γ——水的容重,kN/m^3;

γ_0——土的干容重,kN/m^3;

γ_w——土的饱和容重,kN/m^3;

K——土的侧压力系数,一般可取 $K = 0.5$;

φ——土的内摩擦角。

泥浆除了固壁作用外,在造孔过程中,还有悬浮和携带岩屑、冷却润滑钻头的作用;成墙以后,渗入孔壁的泥浆和胶结在孔壁的泥皮,还对防渗起辅助作用。由于泥浆的特殊重要性,在防渗墙施工中,国内外工程对于泥浆的制浆土料、配比和质量控制等方面均有严格的要求。

泥浆的制浆材料主要有膨润土、黏土、水,以及改善泥浆性能的掺和料,如加重剂、增黏剂、分散剂和堵漏剂等。制浆材料通过搅拌机进行拌制,经筛网过滤后,放入专用储浆池备用。

制浆土料的基本要求是黏粒含量大于 50%,塑性指数大于 20,含砂量小于 5%,氧化硅与三氧化二铝含量的比值以 3~4 为宜。配制而成的泥浆,其性能指标应根据地层特性、造孔方法和泥浆用途等,通过试验选定。

(三)造孔成槽

造孔成槽工序约占防渗墙整个施工工期的一半。槽孔的精度直接影响防渗墙的质量。选择合适的造孔机具与挖槽方法对于提高施工质量、加快施工速度至关重要。混凝土防渗墙的发展和广泛应用,与造孔机具的发展和造孔挖槽技术的改进密切相关。

用于防渗墙开挖槽孔的机具主要有冲击钻机、回转钻机、钢绳抓斗及液压铣槽机等。它们的工作原理、适用的地层条件和工作效率有一定差别。对于复杂多样的地层,一般要多种机具配套使用。

进行造孔挖槽时,为了提高工效,通常要先划分槽段,然后在一个槽段内划分主孔和副孔,采用钻劈法、钻抓法或分层钻进等方法成槽。

各种造孔挖槽的方法,均采用泥浆固壁,在泥浆液面下钻挖成槽。在造孔过程中,要严格按操作规程施工,防止掉钻、卡钻、埋钻等事故发生;必须经常注意泥浆液面的稳定,发现严重漏浆,要及时补充泥浆,采取有效的止漏措施;要定时测定泥浆的性能指标,并控制在允许范围以内;应及时排出废水、废浆、废渣,不允许在槽口两侧堆放重物,以免影响工作,甚至导致孔壁坍塌;要保持槽壁平直,保证孔位、孔斜、孔深、孔宽、槽孔搭接厚度、嵌入基岩的深度等满足规定的要求,防止漏钻、漏挖和欠钻欠挖。

(四)终孔验收和清孔换浆

终孔验收的项目和要求,见表 2-2。验收合格方准进行清孔换浆,清孔换浆的目的是在混凝土浇筑前,对留在孔底的沉渣进行清除,换上新鲜泥浆,以保证混凝土和不透水地层连接的质量。清孔换浆应该达到的标准是:经过 1h 后,孔底淤积厚度不大于 10cm,孔内泥浆密度不大于 1.3,黏度不大于 30s,含砂量不大于 10%。一般要求清孔换浆以后 4h 内开始浇筑混凝土。如果不能按时浇筑,应采取措施,防止落淤;否则,在浇筑前要重新清孔换浆。

表 2-2　防渗墙终孔验收项目及要求

终孔验收项目	终孔验收要求	终孔验收项目	终孔验收要求
槽位允许偏差	±3cm	一、二期槽孔搭接孔位中心偏差	≤1/3 设计墙厚
槽宽要求	≥设计墙厚	槽孔水平断面上	没有梅花孔、小墙
槽孔孔斜	≤4‰	槽孔嵌入基岩深度	满足设计要求

(五)墙体浇筑

防渗墙的混凝土浇筑和一般混凝土浇筑不同,是在泥浆液面下进行的。泥浆下浇筑混凝土的主要特点如下:

(1)不允许泥浆与混凝土掺混形成泥浆夹层。

(2)确保混凝土与基础以及一、二期混凝土之间的结合。

(3)连续浇筑,一气呵成。

泥浆下浇筑混凝土常用直升导管法。清孔合格后,立即下设钢筋笼、预埋管、导管和监测仪器。导管由若干节管径 20～25cm 的钢管连接而成,沿槽孔轴线布置,相邻导管的间距不宜大于 3.5m,一期槽孔两端的导管距端面以 1.0～1.5m 为宜,开浇时导管口距孔底 10～25cm,把导管固定在槽孔口。当孔底高差大于 25cm 时,导管中心应布置在该导管控制范围的最低处。这样布置导管有利于全槽混凝土面的均衡上升,有利于一、二期混凝土的结合,并可防止混凝土与泥浆掺混。槽孔浇筑应严格遵循先深后浅的顺序,即从最深的导管开始,由深到浅,依次开浇,待全槽混凝土面浇平以后,再全槽均衡上升。

每个导管开浇时,先下入导注塞,并在导管中灌入适量的水泥砂浆,准备好足够数量的混凝土,将导注塞压到导管底部,使管内泥浆挤出管外。然后将导管稍微上提,使导注塞浮出,一举将导管底端被泻出的砂浆和混凝土埋住,保证后续浇筑的混凝土不会与泥浆掺混。

在浇筑过程中,应保证连续供料,一气呵成;保持导管埋入混凝土的深度不小于 1m;维持全槽混凝土面均衡上升,上升速度不应小于 2m/h,高差控制在 0.5m 范围内。

混凝土上升到距孔口 10m 左右,会因沉淀砂浆含砂量大、稠度增浓、压差减小而增加浇筑困难。这时可用空气吸泥器、砂泵等抽排浓浆,以便浇筑顺利进行。

浇筑过程中应注意监测,做好混凝土面上升的记录,防止堵管、埋管、导管漏浆和泥浆掺混等事故的发生。

六、防渗墙的质量检查

对混凝土防渗墙的质量检查应按规范及设计要求进行,主要有如下几个方面。

(1)槽孔的检查,包括几何尺寸和位置、钻孔偏斜、入岩深度等。

(2)清孔检查,包括槽段接头、孔底淤积厚度、清孔质量等。

(3)混凝土质量的检查,包括原材料、新拌料的性能、硬化后的物理力学性能等。

(4)墙体的质量检测,主要通过钻孔取芯、超声波及地震透射层析成像(CT)技术等方法全面检查墙体的质量。

第三节 砂砾石地基处理

一、砂砾石地基灌浆

(一)砂砾石地基的可灌性

砂砾石地基的可灌性是指砂砾石地基能否接受灌浆材料灌入的一种特性。它是决定灌浆效果的先决条件,主要取决于地层的颗粒级配、灌浆材料的细度、灌浆压力和灌浆工艺等。

可灌比的计算公式为

$$M = \frac{D_{15}}{d_{85}}$$

式中 M——可灌比；

D_{15}——砂砾石地层颗粒级配曲线上含量为 15% 的粒径，mm；

d_{85}——灌浆材料颗粒级配曲线上含量为 85% 的粒径，mm。

可灌比越大，砂砾石地基接受颗粒灌浆材料的可灌性越好。当 $M=$ 10～15 时，可以灌注水泥黏土浆；当 $M \geqslant 15$ 时，可以灌水泥浆。

(二)灌浆材料

多用水泥黏土浆液。一般水泥和黏土的比例为 1:1～1:4，水和干料的比例为 1:1～1:6。

(三)钻灌方法

砂砾石地基的钻孔灌浆方法有打管灌浆、套管灌浆、循环钻灌、预埋花管灌浆等。

1.打管灌浆

打管灌浆就是将带有灌浆花管的厚壁无缝钢管直接打入受灌地层中，并利用它进行灌浆。其程序是：先将钢管打入设计深度，再用压力水将管内冲洗干净，然后用灌浆泵灌浆，或利用浆液自重进行自流灌浆。灌完一段以后，将钢管起拔一个灌浆段高度，再进行冲洗和灌浆，如此自下而上，拔一段灌一段，直到结束。

这种方法设备简单，操作方便，适用于砂砾石层较浅、结构松散、颗粒不大、容易打管和起拔的场合。用这种方法灌成的帷幕的防渗性能较差，多用于临时性工程（如围堰）。

2.套管灌浆

套管灌浆的施工程序是：一边钻孔，一边跟着下护壁套管；或者一边打设护壁套管，一边冲掏管内的砂砾石，直到套管下到设计深度。然后将钻孔冲洗干净，下入灌浆管，起拔套管到第一灌浆段顶部，安好止浆塞，对第一段进行灌浆。如此自下而上，逐段提升灌浆管和套管，逐段灌浆，直到结束。

采用这种方法灌浆，由于有套管护壁，不会发生第二段灌浆坍孔埋钻等事故。但是，在灌浆过程中，浆液容易沿着套管外壁向上流动，甚至产生地表冒浆。如果灌浆时间较长，则又会胶结套管，导致起拔困难。

3.循环钻灌

循环钻灌是一种自上而下，钻一段灌一段，钻孔与灌浆循环进行的施工方法。钻孔时用黏土浆或最稀一级水泥黏土浆固壁。钻孔长度，也就是灌浆段的长度，视孔壁稳定和砂砾石层渗漏程度而定，容易坍孔和渗漏严重的地层，分段短一些，反之则长一些，一般为1～2m。灌浆时可将钻杆作为灌浆管。

用这种方法灌浆，做好孔口封闭，是防止地面抬动和地表冒浆、提高灌浆质量的有效措施。

4.预埋花管灌浆

预埋花管灌浆的施工程序如下：

(1)用回转式钻机或冲击钻钻孔，跟着下护壁套管，一次直达孔的全深。

(2)钻孔结束后，立即进行清孔，清除孔壁残留的石渣。

(3)在套管内安设花管，花管的直径一般为73～108mm，沿管长每隔33～50cm钻一排3～4个射浆孔，孔径1cm，射浆孔外面用橡皮箍紧。花管底部要封闭严密且牢固，按设花管要垂直对中，不能偏在套管的一侧。

(4)在花管与套管之间灌注填料，边下填料边起拔套管，连续灌注，直到全孔填满套管拔出为止。

(5)填料待凝10d左右，达到一定强度，严密牢固地将花管与孔壁之间的环形圈封闭起来。

(6)在花管中下入双栓灌浆塞，灌浆塞的出浆孔要对准花管上准备灌浆的射浆孔。然后用清水或稀浆逐渐升压，压开花管上的橡皮圈，压穿填料，形成通路，为浆液进入砂砾石层创造条件，这一步骤称为开环。开环以后,继续用稀浆或清水灌注 5～10min,再开始灌浆。每排射浆孔就是一个灌浆段。灌完一段,移动双栓灌浆塞,使其出浆孔对准另一排射浆孔,进行另一灌浆段的开环灌浆。由于双栓灌浆塞的构造特点,可以在任一灌浆段进行开环灌浆,必要时还可以进行复灌。

用预埋花管法灌浆,由于有填料阻止浆液沿孔壁和管壁上升,很少发生冒浆、串浆现象,灌浆压力可相对提高,灌浆比较机动,可以重复灌浆,对灌浆质量较有保证。其缺点是花管被填料胶结以后,不能起拔,耗用管材较多。

二、水泥土搅拌桩

在处理淤泥、淤泥质土、粉土、粉质黏土等软弱地基时,经常采用深层搅拌桩进行复合地基加固处理。深层搅拌是利用水泥类浆液与原土通过叶片强制搅拌形成墙体的技术。

(一)技术特点

该技术使各幅钻孔搭接形成墙体,使排柱式水泥土地下墙的连续性、均匀性都有大幅度的提高。墙体搭接均匀、连续整齐、美观、墙体垂直偏差小,满足搭接要求。该工法适用于黏土、粉质黏土、淤泥质土和密实度中等以下的砂层,且施工进度和质量不受地下水位的影响。从浆液搅拌混合后形成"复合土"的物理性质分析,这种复合土属于"柔性"物质,从防渗墙的开挖过程中还可以看到,防渗墙与原地基土无明显的分界面,即"复合土"与周边土胶结良好。目前防洪堤的垂直防渗处理,在墙身不大于 18m 的条件下优先选用深层搅拌桩水泥土防渗墙。

(二)防渗性能

防渗墙的功能是截渗或增加渗径,防止堤身和堤基的渗透破坏。影响水泥搅拌桩渗透性的因素主要有流体本身的性质、水泥搅拌土的密度、封闭气泡和孔隙的大小及分布。因此,从施工工艺上看,防渗墙的完整性和连续性是关键,当墙厚不小于 20cm 时,成墙 28d 后渗透系数 $K <$ 10^{-6}cm/s,抗压强度 $R \geqslant 0.5$MPa。

(三)复合地基

当水泥土搅拌桩用来加固地基,形成复合地基用以提高地基承载力时,应符合以下规定。

(1)竖向承载搅拌桩的长度应根据上部结构对承载力和变形的要求确定,并应穿透软弱土层到达承载力相对较高的土层;当设置搅拌桩的目的为提高抗滑稳定性时,其桩长应超过危险滑弧 2.0m 以上。干法的加固深度不宜大于 15m;湿法及型钢水泥土搅拌墙(桩)的加固深度应考虑机械性能的限制。单头、双头加固深度不宜大于 20m,多头及型钢水泥土搅拌墙(桩)的深度不宜超过 35m。

(2)竖向承载力水泥土搅拌桩复合地基的承载力特征值应通过现场单桩或多桩复合地基荷载试验确定。

(3)竖向承载搅拌桩复合地基中的桩长超过 10m 时,可采用变掺量设计。在全桩水泥总掺量不变的前提下,桩身上部 1/3 桩长范围内可适当增加水泥掺量及搅拌次数;桩身下部 1/3 桩长范围内可适当减少水泥掺量。

(4)竖向承载搅拌桩的平面布置可根据上部结构特点及对地基承载力和变形的要求,采用柱状、壁状、格栅状或块状等加固形式。桩可只在刚性基础平面范围内布置,独立基础下的桩数不宜少于 3 根。柔性基础应通过验算在基础内、外布桩。柱状加固可采用正方形、等边三角形等布桩形式。

三、高压喷射灌浆

将高压水射流技术应用于软弱地层的灌浆处理的方法就是高压喷射灌浆法。它是利用钻机造孔,然后将带有特制合金喷嘴的灌浆管下到地层预定位置,以高压把浆液或水、气高速喷射到周围地层,对地层介质产生冲切、搅拌和挤压等作用,同时将浆液置换、充填和混合,待浆液凝固后,就在地层中形成一定形状的凝结体的地基处理方法。该技术既可用于低水头土坝坝基防渗,也可用于松散地层的防渗堵漏、截潜流和临时性围堰等工程,还可进行混凝土防渗墙断裂和漏洞的修补。

高压喷射灌浆是利用旋喷机具造成旋喷桩以提高地基的承载能力,也可以做联锁桩施工或定向喷射成连续墙用于防渗,因此,其适用于砂土、黏性土、淤泥等地基的加固,对砂卵石(最大粒径小于20cm)的防渗也有较好的效果。由于高压喷射灌浆具有对地层条件适用性广、浆液可控性好、施工简单等优点,近年来在国内外都得到了广泛应用。

(一)技术特点

高压喷射灌浆防渗加固技术适用于软弱土层,包括第四纪冲积层、洪积层、残积层以及人工填土等。实践证明,高压喷射灌浆防渗加固技术对砂类土、黏性土、黄土和淤泥等土层效果较好。对粒径过大和含量过多的砾卵石,以及有大量纤维质的腐殖土地层,一般应通过现场试验确定施工方法,对含有粒径2~20cm颗粒的砂砾石地层,在强力的升扬置换作用下,仍可实现浆液包裹作用。

高压喷射灌浆不仅在黏性土层、砂层中可用,在砂砾卵石层中也可用。该技术具有可灌性和可控性好、接头连接可靠、平面布置灵活、适应地层广、深度较大、对施工场地要求不高等优点。

(二)高压喷射灌浆的作用

高压喷射灌浆的浆液以水泥浆为主,其压力一般在10~30MPa,它对地层的作用和机理有如下几个方面。

1.冲切掺搅作用

高压喷射流通过对原地层介质的冲击、切割和强烈扰动,使浆液扩散充填地层,并与土石颗粒掺混搅和,硬化后形成凝结体,从而改变原地层结构和组分,达到防渗加固的目的。

2.升扬置换作用

随高压喷射流喷出的压缩空气,不仅对射流的能量起到维持作用,还能造成孔内空气扬水的效果,使冲击切割下来的地层细颗粒和碎屑升扬至孔口,空余部分由浆液代替,起到了置换作用。

3.挤压渗透作用

高压喷射流的强度随射流距离的增加而降低,至末端虽不能冲切地层,但对地层仍能起到挤压作用;同时,喷射后的静压浆液能渗透周围土地,不仅可以促使凝结体与周围土地结合得更密实,还在凝结体外侧形成明显的渗透凝结层,有利于进一步提高抗渗性能。

4.位移握裹作用

对于地层中的小块石,由于喷射能量大和升扬置换作用,浆液可填满块石四周空隙,并将其握裹;对大块石或块石集中区,降低提升速度、提高喷射能量,可以使块石产生位移,浆液便深入空(孔)隙中去。

总之,在高压喷射、挤压、余压渗透和浆气升串的综合作用下,浆液能起到握裹凝结作用,从而形成连续和密实的凝结体。

(三)防渗性能

在高压喷射流的作用下切割土层,被切割下来的土体与浆液搅拌混合,进而固结,形成防渗板墙。不同地层及施工方式形成的防渗体结构体的渗透系数稍有差别,一般说来其渗透系数小于 10^{-7} cm/s。

(四)高压喷射凝结体

1.凝结体的形式

凝结体的形式与高压喷射方式有关,常见的有以下三种。

(1)喷嘴喷射时,边旋转边垂直提升,简称旋喷,可形成圆柱形凝结体。

(2)喷嘴的喷射方向固定,则称定喷,可形成板状凝结体。

(3)喷嘴喷射时,边提升边摆动,简称摆喷,形成哑铃状或扇形凝结体。

为了保证高压喷射防渗板(墙)的连续性与完整性,必须使各单孔凝结体在其有效范围内相互可靠连接,这与设计的结构布置形式及孔距有很大关系。

2.高压喷射灌浆的施工方法

目前,高压喷射灌浆的基本方法有单管法、二管法、三管法、多管法等,它们各有特点,应根据工程要求和地层条件选用。

(1)单管法。

采用高压灌浆泵以大于 2.0MPa 的高压将浆液从喷嘴喷出,冲击、切割周围地层,并起到搅和、充填作用,硬化后形成凝结体。该方法施工简易,但有效范围小。

(2)双管法。

有两个管道,分别将浆液和压缩空气直接射入地层,浆压达 45～50MPa,气压 1～1.5MPa。由于射浆具有足够的射流强度和比能,易于将地层加压密实,因此,这种方法工效高、效果好,尤其适合处理地下水丰富、含大粒径块石及孔隙率大的地层。

(3)三管法。

用水管、气管和浆管组成喷射杆,水、气的喷嘴在上,浆液的喷嘴在下。随着喷射杆的旋转和提升,先有高压水和气的射流冲击扰动地层,再以低压注入浓浆进行掺混搅拌。常用的参数有:水压 38～40MPa,气压 0.6～0.8MPa,浆压 0.3～0.5MPa。

如果将浆液也改为高压(浆压达 20～30MPa)喷射,浆液可对地层进行二次切割、充填,其作用范围就更大,这种方法被称为新三管法。

(4)多管法。

其喷管包含输送水、气、浆管、泥浆排出管和探头导向管。采用超高压水射流(40MPa)切削地层,所形成的泥浆由管道排出,用探头测出地层中形成的空间,最后由浆液、砂浆、砾石等置换充填。多管法可在地层中形成直径较大的柱状凝结体。

(五)施工程序与工艺

高压喷射灌浆的施工程序主要有造孔、下喷射管、喷射提升(旋转或摆动)、成桩。

1.造孔

在软弱透水的地层进行造孔,应采用泥浆固壁或跟管(套管法)的方法确保成孔。造孔机主要包括回转式钻机和冲击式钻机两种类型。目前用得较多的是回转式钻机。

2.下喷射管

用泥浆固壁的钻孔,可以将喷射管直接下入孔内,直到孔底。用跟管钻进的孔,可在拔管前向套管内注入密度大的塑性泥浆,边拔边注,并保持液面与孔口齐平,直至套管拔出,再将喷射管下到孔底。将喷嘴对准设计的喷射方向,不偏斜,是确保喷射灌浆成墙的关键。

3.喷射灌浆

根据设计的喷射方法与技术要求,将水、气、浆送入喷射管,喷射 1～3min 待注入的浆液冒出后,按预定的速度自上而下边喷射边转动、摆动,逐渐提高到设计高度。进行高压喷射灌浆的设备由造孔、供水、供气、供浆和喷灌五大系统组成。

4.施工要点

(1)管路、旋转活接头和喷嘴必须拧紧,达到安全密封;高压水泥浆液、高压水和压缩空气各管路系统均应不堵、不漏、不串。设备系统安装后,必须经过运行试验,试验压力达到工作压力的 1.5～2.0 倍。

(2)旋喷管进入预定深度后,应先进行试喷,待达到预定压力、流量后,再提升旋喷。中途发生故障,应立即停止提升和旋喷,以防止桩体中断。同时进行检查,排除故障。若发现浆液喷射不足,影响桩体质量时,应进行复喷。施工中应做好详细记录。旋喷水泥浆应严格过滤,防止水泥结块和杂物堵塞喷嘴及管路。

(3)旋喷结束后要进行压力注浆,以补填桩柱凝结收缩后产生的顶部空穴。每次施工完毕后,必须立即用清水冲洗旋喷机具和管路,检查磨损情况,如有损坏的零部件应及时更换。

(六)旋喷桩的质量检查

旋喷桩的质量检查通常采取钻孔取样、贯入试验、荷载试验或开挖检查等方法。对于防渗的联锁桩、定喷桩,应进行渗透试验。

第四节 灌注桩工程

一、灌注桩的适应地层

(1)冲击成孔灌注桩:适用于黄土、黏性土或粉质黏土和人工杂填土层中应用,特别适合用于有孤石的砂砾石层、漂石层、坚硬土层、岩层中,对流砂层亦可克服,但对淤泥及淤泥质土,则应慎重使用。

(2)冲抓成孔灌注桩:适用于一般较松软黏土、粉质黏土、沙土、砂砾层和软质岩层,孔深在 20m 内。

（3）回转钻成孔灌注桩：适用于地下水位较高的软、硬土层，如淤泥、黏性土、沙土、软质岩层。

（4）潜水钻成孔灌注桩：适用于地下水位较高的软、硬土层，如淤泥、淤泥质土、黏土、粉质黏土、沙土、砂夹卵石及风化页岩层中使用，不得用于漂石。

（5）人工扩挖成孔灌注桩：适用于地下水位较低的软、硬土层，如淤泥、淤泥质土、黏土、粉质黏土、沙土、砂夹卵石及风化页岩层中使用。

二、桩型的选择

桩型与工艺选择应根据建筑结构类型、荷载性质、桩的使用功能、穿越土层、桩端持力层土类、地下水位、施工设备、施工环境、施工经验、制桩材料供应条件等，选择经济合理、安全适用的桩型和成桩工艺。排列基桩时，宜使桩群承载力合力点与长期荷载重心重合，并使桩基受水平力和力矩较大方向有较大的截面模量。

三、设计原则

桩基采用以概率理论为基础的极限状态设计法，以可靠指标度量桩基的可靠度，采用以分项系数表达的极限状态设计表达式进行计算。按两类极限状态进行设计可分为承载能力极限状态和正常使用极限状态。

（一）设计等级

根据建筑规模、功能特征、对差异变形的适应性、场地地基和建筑物体型的复杂性和由于桩基问题可能造成建筑破坏或影响正常使用的程度，应将桩基设计分为甲、乙、丙三个设计等级。

（1）甲级：重要的建筑；30 层以上或高度超过 100m 的高层建筑；体型复杂且层数相差超过 10 层的高低层（含纯地下室）连体建筑；20 层以上框架、核心筒结构及其他对差异沉降有特殊要求的建筑；场地和地基条件复杂的 7 层以上的一般建筑及坡地、岸边建筑；对相邻工程影响较大的建筑。

（2）乙级：除甲级、丙级以外的建筑。

（3）丙级：场地和地基条件简单、荷载分布均匀的七层及七层以下的一般建筑。

(二)桩基承载能力计算

应根据桩基的使用功能和受力特征分别进行桩基的竖向承载力计算和水平承载力计算;应对桩身和承台结构承载力进行计算;对于桩侧土不排水抗剪强度小于 10kPa,且长径比大于 50 的桩应进行桩身压屈验算;对于混凝土预制桩应按吊装、运输和锤击作用进行桩身承载力验算;对于钢管桩应进行局部压屈验算;当桩端平面以下存在软弱下卧层时,应进行软弱下卧层承载力验算;对位于坡地、岸边的桩基应进行整体稳定性验算;对于抗浮、抗拔桩基,应进行基桩和群桩的抗拔承载力计算;对于抗震设防区的桩基应进行抗震承载力验算。

(三)桩基沉降计算

设计等级为甲级的非嵌岩桩和非深厚坚硬持力层的建筑桩基;设计等级为乙级的体型复杂、荷载分布显得不均匀或桩端平面以下存在软弱土层的建筑桩基;软土地基多层建筑减沉复合疏桩基础。

四、灌注桩设计

(一)桩体

(1)配筋率。当桩身直径为 300～2000mm 时,正截面配筋率可取 0.65%～0.2%(小直径桩取高值);对受荷载特别大的桩、抗拔桩和嵌岩端承桩,应根据计算确定配筋率且不应小于上述规定值。

(2)配筋长度。

①端承型桩和位于坡地、岸边的基桩应沿桩身等截面或变截面通长配筋。

②桩径大于 600mm 的摩擦型桩配筋长度不应小于 2/3 桩长;当受水平荷载时,配筋长度尚不宜小于 $4.0/\alpha$(α 为桩的水平变形系数)。

③对于受地震作用的基桩,桩身配筋长度应穿过可液化土层和软弱土层,进入稳定土层的深度不应小于相关规定的深度。

④受负摩阻力的桩、因先成桩后开挖基坑而随地基土回弹的桩,其配筋长度应穿过软弱土层并进入稳定土层,进入的深度不应小于 2～3 倍桩身直径。

⑤专用抗拔桩及因地震作用、冻胀或膨胀力作用而受拔力的桩,应等截面或变截面通长配筋。

(3)对于受水平荷载的桩,主筋不应小于 8Φ12;对于抗压桩和抗拔桩,主筋不应少于 6Φ10;纵向主筋应沿桩身周边均匀布置,其净距不应小于 60mm。

(4)箍筋应采用螺旋式,直径不应小于 6mm,间距宜为 200～300mm;受水平荷载较大桩基、承受水平地震作用的桩基,以及考虑主筋作用计算桩身受压承载力时,桩顶以下 5d 范围内的箍筋应加密,间距不应大于 100mm;当桩身位于液化土层范围内时箍筋应加密;当钢筋笼长度超过 4m 时,应每隔 2m 设一道直径不小于 12mm 的焊接加劲箍筋。

(5)桩身混凝土及混凝土保护层厚度应符合下列要求。

①桩身混凝土强度等级不得小于 C25,混凝土预制桩尖强度等级不得小于 C30。

②灌注桩主筋的混凝土保护层厚度不应小于 35mm,水下灌注桩的主筋混凝土保护层厚度不得小于 50mm。

(二)承台

(1)桩基承台的构造,应满足抗冲切、抗剪切、抗弯承载力和上部结构要求,应符合独立柱下桩基承台的最小宽度不应小于 500mm,边桩中心至承台边缘的距离不应小于桩的直径或边长,且桩的外边缘至承台边缘的距离不应小于 150mm。对于墙下条形承台梁,桩的外边缘至承台梁边缘的距离不应小于 75mm。承台的最小厚度不应小于 300mm。

(2)桩与承台的连接构造应符合下列规定。

①桩嵌入承台内的长度对中等直径桩不应小于 50mm;对大直径桩不应小于 100mm。

②混凝土桩的桩顶纵向主筋应锚入承台内,其锚入长度应不小于 35 倍纵向主筋直径。

③对于抗拔桩,桩顶纵向主筋的锚固长度应按现行国家相关标准确定。

④对于大直径灌注桩,当采用一柱一桩时,可设置承台或将桩与柱直接连接。

(3)承台与承台之间的连接构造应符合下列规定。

①一柱一桩时,应在桩顶两个主轴方向上设置联系梁。当桩与柱的截面直径之比大于 2 时,可不设联系梁。

②两桩桩基的承台,应在其短向设置联系梁。

③有抗震设防要求的柱下桩基承台,宜沿两个主轴方向设置联系梁。

④联系梁顶面宜与承台顶面位于同一标高。联系梁宽度应不小于 250mm,其高度可取承台中心距的 1/10～1/15,且应不小于 400mm。

⑤联系梁配筋应按计算确定,梁上下部配筋应不小于 2 根直径 12mm 钢筋;位于同一轴线上的联系梁纵筋宜通长配置。

(4)柱与承台的连接构造应符合下列规定。

①对于一柱一桩基础,柱与桩直接连接时,柱纵向主筋锚入桩身内长度应不小于 35 倍纵向主筋直径。

②对于多桩承台,柱纵向主筋应锚入承台应不小于 35 倍纵向主筋直径;当承台高度不满足锚固要求时,竖向锚固长度应不小于 20 倍纵向主筋直径,并向柱轴线方向呈 90°弯折。

③当有抗震设防要求时,对于一、二级抗震等级的柱,纵向主筋锚固长度应乘以 1.15 的系数;对于三级抗震等级的柱,纵向主筋锚固长度应乘以 1.05 的系数。

五、施工前的准备工

(一)施工现场

施工前应根据施工地点的水文、工程地质条件及机具、设备、动力、材料、运输等情况,布置施工现场。

(1)场地为旱地时,应平整场地、清除杂物、换除软土、夯打密实。钻机底座应布置在坚实的填土上。

(2)场地为陡坡时,可用木排架或枕木搭设工作平台。平台应牢固可靠,保证施工顺利进行。

(3)场地为浅水时,可采用筑岛法,岛顶平面应高出水面 1～2m。

(4)场地为深水时,根据水深、流速、水位涨落、水底地层等情况,采用固定式平台或浮动式钻探船。

(二)灌注桩的试验(试桩)

灌注桩正式施工前,应先打试桩。试验内容包括:荷载试验和工艺试验。

1.试验目的

选择合理的施工方法、施工工艺和机具设备;验证明桩的设计参数,如桩径和桩长等;鉴定或确定桩的承载能力和成桩质量能否满足设计要求。

2.试桩施工方法

试桩所用的设备与方法应与实际成孔成桩所用者相同;一般可用基桩做试验,或选择有代表性的地层,或预计钻进困难的地层进行成孔、成桩等工序的试验,着重查明地质情况,判定成孔、成桩工艺方法是否适宜;试桩的材料与截面、长度必须与设计相同。

3.试桩数目

工艺性试桩的数目根据施工具体情况决定;力学性试桩的数目,一般不少于实际基桩总数的 3%,且不少于 2 根。

4.荷载试验

灌注桩的荷载试验,一般应作垂直静载试验和水平静载试验。

垂直静载试验的目的是测定桩的垂直极限承载力,测定各土层的桩侧极摩擦阻力和桩底反力,并查明桩的沉降情况。试验加载装置,一般采用油压千斤顶。千斤顶的加载反力装置可根据现场实际情况而定。一般均采用锚桩横梁反力装置。加载与沉降的测量与试验资料整理,可参照相关规定。

水平静载试验的目的是确定桩的允许水平荷载作用下的桩头变位(水平位移和转角),一般只有在设计要求时才进行。

加载方式、方法、设备、试验资料的监测、记录整理等,参照相关规定。

(三)测量放样

根据建设单位提供的测量基线和水准点,由专业测量人员制作施工平面控制网。采用极坐标法对每根桩孔进行放样。为保证放样准确无误,对每根桩必须进行三次定位,即第一次定位挖、埋设护筒;第二次校正护筒;第三次在护筒上用十字交叉法定出桩位。

(四)埋设护筒

埋设护筒应准确稳定。护筒内径一般应比钻头直径稍大;用冲击或冲抓方法时,大约20cm,用回转法时,大约10cm。护筒一般有木质、钢质与钢筋混凝土三种材质。

护筒周围用黏土回填并夯实。当地基回填土松散、孔口易坍塌时,应扩大护筒坑的挖埋直径或在护筒周围填砂浆混凝土。护筒埋设深度一般为1~1.5m;对于坍塌较深的桩孔,应增加护筒埋设深度。

(五)制备泥浆

制浆用黏土的质量要求、泥浆搅拌和泥浆性能指标等,均应符合有关规定。泥浆主要性能指标:比重1.1~1.15,黏度10~25s,含砂率小于6%,胶体率大于95%,失水量小于30mL/min,pH值7~9。

泥浆的循环系统主要包括:制浆池、泥浆池、沉淀池和循环槽等。开动钻机较多时,一般采用集中制浆与供浆。用抽浆泵通过主浆管和软管向各孔桩供浆。

泥浆的排浆系统由主排浆沟、支排浆沟和泥浆沉淀池组成。沉淀池内的泥浆采用泥浆净化机净化后,由泥浆泵抽回泥浆池,以便再次利用。

废弃的泥浆与渣应按环境保护的有关规定进行处理。

六、造孔

(一)造孔方法

钻孔灌注桩造孔常用的方法有:冲击钻进法、冲抓钻进法、冲击反循环钻进法、泵吸反循环钻进法、正循环回转钻进法等,造孔时可根据具体情况进行选用。

(二)造孔施工

施工平台应铺设枕木和台板,安装钻机应保持稳固、周正、水平。开钻前提钻具,校正孔位。造孔时,钻具对准测放的中心开孔钻进。施工中应经常检测孔径、孔形和孔斜,严格控制钻孔质量。出渣时,及时补给泥浆,保证钻孔内浆液面的泥浆稳定,防止塌孔。

根据地质勘探资料、钻进速度、钻具磨损程度、抽筒排出的钻渣等情况,判断换层孔深。如钻孔进入基岩,立即用样管取样。经现场地质人员鉴定,确定终孔深度。终孔验收时,桩位孔口偏差不得大于5cm,桩身垂直度偏斜应小于1%。当上述指标达到规定要求时,才能进入下一道工序施工。

(三)清孔

1.清孔的目的

清孔的目的是抽、换孔内泥浆,清除孔内钻渣,尽量减少孔底沉淀层厚度,防止桩底存留过厚沉淀砂土而降低桩的承载力,确保灌注混凝土的质量。

终孔检查后应立即清孔。清孔时应不断置换泥浆,直至灌注水下混凝土。

2.清孔的质量要求

清孔的质量要求是应清除孔底所有的沉淀沙土。当技术上确实存在困难时,允许残留少量不成浆状的松土,其数量应严格按合同文件的规定。清孔后灌注混凝土前,孔底500mm以内的泥浆性能指标:含砂率为8%。比重应小于1.25,漏斗黏度不大于28s。

3.清孔方法

根据设计要求、钻进方法、钻具和土质条件决定清孔方法。常用的清孔方法有正循环清孔、泵吸反循环清孔、空压机清孔和掏渣清孔。

(1)正循环清孔适用于淤泥层、沙土层和基岩施工的桩孔。孔径一般小于800mm。其方法是在终孔后,将钻头提离孔底10～20cm空转,并保持泥浆正常循环。输入比重为1.10～1.25的较纯的新泥浆循环,把钻孔内悬浮钻渣较多的泥浆换出。根据孔内情况,清孔时间一般为4～6h。

(2)泵吸反循环清孔适用于孔径600～1500mm及更大的桩孔。清孔时,在终孔后停止回转,将钻具提离孔底10～20cm,反循环持续到满足清孔要求为止。清孔时间一般为 8～15min。

（3）空压机清孔的原理与空压机抽水洗井的原理相同，适用于各种孔径、深度大于 10m 各种钻进方法的桩孔。一般是在钢筋笼下入孔内后，将安有进气管的导管吊入孔中。导管下入深度距沉渣面 30～40cm。由于桩孔不深，混合器可以下到接近孔底以加大沉没深度。清孔开始时，应向孔内补水；清孔停止时，应先关风后断水，防止水头损失而造成塌孔。送风量由小到大，风压一般为 0.5～0.7MPa。

（4）掏渣清孔，干钻施工的桩孔，不得用循环液清除孔内虚土，应采用掏渣或加碎石夯实等办法。

七、钢筋笼制作与安装

（一）一般要求

（1）钢筋的种类、钢号、直径应符合设计要求。钢筋的材质应进行物理力学性能或化学成分的分析试验。

（2）制作前应除锈、调直（螺旋筋除外）。主筋应尽量用整根钢筋。焊接的钢材，应作可焊性和焊接质量的试验。

（3）当钢筋笼全长超过 10m 时，宜分段制作。分段后的主筋接头应互相错开，同一截面内的接头数目不多于主筋总根数的 50%，两个接头的间距应大于 50cm。接头可采用搭接、绑条或坡口焊接。加强筋与主筋间采用点焊连接，箍筋与主筋间采用绑扎方法。

（二）钢筋笼的制作

制作钢筋笼的设备与工具有电焊机、钢筋切割机、钢筋圈制作台和钢筋笼成型支架等。钢筋笼的制作程序如下：

（1）根据设计，确定箍筋用料长度，将钢筋成批切割好备用。

（2）钢筋笼主筋保护层厚度一般为 6～8cm。绑扎或焊接钢筋混凝土预制块，焊接环筋。环的直径不小于 10mm，焊在主筋外侧。

（3）将制作好的钢筋笼在平整的地面上放置，防止变形。

（4）按图纸尺寸和焊接质量要求检查钢筋笼（内径应比导管接头外径大 100mm 以上），不合格者不得使用。

(三)钢筋笼的安装

钢筋笼安装用大型起重机起吊，对准桩孔中心放入孔内。如果桩孔较深，钢筋笼应分段加工，在孔口处进行对接。采用单面焊缝焊接，焊缝应饱满，不得咬边夹渣。焊缝长度不小于 10d。为了保证钢筋笼的垂直度，应将钢筋笼在孔口按桩位中心定位，使其悬吊在孔内。

下放钢筋笼时应防止碰撞孔壁。如果下放受阻，应查明原因，不得强行下插。一般采用正反旋转，缓慢逐步下放。安装完毕后，经有关人员对钢筋笼的位置、垂直度、焊缝质量、箍筋点焊质量等全面进行检查验收，合格后才能下导管灌注混凝土。

第三章　水利工程土石方工程技术

第一节　土石方工程概述

在水利工程中,土石方开挖广泛应用于场地平整和削坡,水工建筑物(水闸、坝、溢洪道,水电站厂房,泵站建筑物等)地基开挖,地下洞室(水工隧洞,地下厂房,各类平洞、竖井和斜井)开挖,河道、渠道、港口开挖及疏浚,填筑材料、建筑石料及混凝土骨料开采,围堰等临时建筑物或砌石,混凝土结构物的拆除等。因而,土石方工程是水利工程建设的主要项目,存在于整个工程的大部分建设过程。

一、土石的分类

土石的种类繁多,其工程性质会直接影响土石方工程的施工方法、劳动力消耗、工程费用和保证安全的措施,因此应予以重视。

(一)按开挖方式分类

土石按照坚硬程度和开挖方法及使用工具分为松软土、普通土、坚土、砂砾坚土、软石、次坚石、坚石、特坚石八类。

(二)按性状分类

土石按照性状亦可分为岩石、碎石土,砂土,粉土,黏性土和人工填土。

(1)岩石按照坚硬程度分为坚硬岩、较坚硬、较软岩、软岩、极软岩五类;按照风化程度可分为未风化、微风化、中等风化、强风化、全风化五类。

(2)碎石土为粒径大于 2mm 的颗粒含量超过全重 50% 的土。按形态可分为漂石、块石、卵石,碎石、圆砾和角砾;按照密实度可分为松散、稍密,中密、密实。

(3)砂土为粒径大于 2mm 的颗粒含量不超过全重 50%,粒径大于 0.075mm 的颗粒超过全重 50% 的土。按粒径大小可分为砾砂、粗砂、中砂,细砂和粉砂。

(4)黏性土为以塑性指数大于 10 且粒径小于等于 0.075mm 为主的土,按照液性指数为坚硬,硬塑、可塑、软塑和流塑。

(5)粉土为介于砂土与黏性土之间,塑性指数小于或等于 10 且粒径大于 0.075mm 的颗粒含量不超过全重 50% 的土。

(6)人工填土可分为素填土、压实填土、杂填土和冲填土。

二、土石方作业

(一)土石方开挖

1.土方开挖方式

(1)人工开挖。

在我国的水利工程施工中,一些土方量小且不便于机械化施工的地方,用人工挖运比较普遍。挖土用铁锹、镐等工具。人工开挖渠道时,应自中心向外,分层下挖,先深后宽,边坡处可按边坡比挖成台阶状,待挖至设计要求时,在进行削坡。应尽可能做到挖填平衡,必须弃土时,应先规划堆土区,做到先挖后倒,后挖近倒,先平后高。一般下游应先开工,并不得阻碍上游水量的排泄,以保证水流畅通。开挖主要有以下两种形式。

①一次到底法。适用于土质较好,挖深 2~3m 的渠道。开挖时应先将排水沟挖到低于渠底设计高程 0.5m 处,然后再按阶梯状逐层向下开挖,直至渠底。

②分层下挖法。此法适用于土质不好且挖深较大的渠道。中心排水沟是将排水沟布置在渠道中部,先逐层挖排水沟,再挖渠道,直至挖到渠底为止,如图 3-1(a)所示。如渠道较宽,可采用翻滚排水沟,如图 3-1(b)所示。这种方法的优点是排水沟分层开挖,沟的断面小,土方量少,施工

较安全。

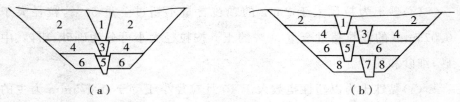

图 3-1　分层下挖法

(a)中心排水沟;(b)翻滚排水沟

1~8—开挖顺序;1、3、5、7—排水

(2)机械开挖。

开挖和运输是土方工程施工两项主要过程,承担这两个过程施工的机械是各类挖掘机械、铲运机械和水力开挖机械。

①挖掘机械。挖掘机械的作用主要是完成挖掘工作,并将所挖土料卸在机身附近或装入运输工具。挖掘机械按工作机构可分为单斗式和多斗式两类。

②铲运机械。铲运机械是指用一种机械能同时完成开挖、运输和卸土任务,这种具有双重功能的机械,常用的有推土机、铲运机、平土机等。

③水力开挖机械。水力开挖机械有水枪式开挖和吸泥船开挖。

(3)机械化施工的基本原则。

①充分发挥主要机械的作业。

②挖运机械应根据工作特点配套选择。

③机械配套要有利于使用、维修和管理。

④加强维修管理工作,充分发挥机械联合作业的生产力,提高其时间利用系数。

⑤合理布置工作面,改善道路条件,减少连续的运转时间。

(4)机械化施工方案选择。

土石方工程量大,挖、运、填、压等多个工艺环节环环相扣,因而选择机械化施工方案通常应考虑以下原则。

①适应当地条件,保证施工质量,生产能力满足整个施工过程的要求。

②机械设备机动、灵活、高效、低耗、运行安全、耐久可靠。

③通用性强,能承担先后施工的工程项目,设备利用率高。

④机械设备要配套,各类设备均能充分发挥效率,特别应注意充分发挥主导机械的效率。

应从采料工作面、回车场地、路桥等级、卸料位置、坝面条件等方面创造相适应的条件,以便充分发挥挖、运、填、压各种机械的效能。

2.石方开挖方式

从水利工程施工的角度考虑,选择合理的开挖顺序,对加快工程进度和保障施工安全具有重要作用。

(1)开挖程序。

水利工程的石方开挖,一般包括岸坡开挖和基坑开挖。岸坡开挖一般不受季节限制,而基坑开挖则多在围堰的防护下施工,也是主体工程控制性的第一道工序。石方开挖程序和适用条件见表3-1。

表 3-1　石方开挖程序和适用条件

开挖程序	安排步骤	适用条件
自上而下开挖	先开挖岸坡,后开挖基坑,或先开挖边坡,后开挖底板	用于施工场地狭窄、开挖量大且集中的部位
自下而上开挖	先开挖下部,后开挖上部	用于施工场地较大、岸边(边坡)较低缓或岩石条件许可,并有可靠技术措施
上下结合开挖	岸坡与基坑,或边坡与底板上下结合开挖	用于有较宽阔的施工场地和可以避开施工干扰的工程部位
分期或分段开挖	按照施工工段或开挖部位、高程等进行安排	用于分期导流的基坑开挖或有临时过水要求的工程项目

（2）开挖方式。

①基本要求。在开挖程序确定之后，根据岩石的条件、开挖尺寸、工程量和施工技术的要求，拟定合理的开挖方式，基本要求如下：

A.保证开挖质量和施工安全。

B.符合施工工期和开挖强度的要求。

C.有利于维护岩体完整和边坡稳定性。

D.可以充分发挥施工机械的生产能力。

E.辅助工程量小。

②各种开挖方式的适用条件。按照破碎岩石的方法，主要有钻爆开挖和直接应用机械开挖两种施工方法。

3.土石方开挖安全规定

土石方开挖作业的基本规定如下：

（1）土石方开挖施工前，应掌握必要的工程地质、水文地质、气象条件、环境因素等勘测资料，根据现场的实际情况，制定施工方案。施工中应遵循各项安全技术规程和标准，按施工方案组织施工，在施工过程中加强对人、机、物、料、环等因素的安全控制，保证作业人员及设备的安全。

（2）开挖过程中应注意工程地质的变化，遇到不良地质构造和存在事故隐患的部位应及时采取防范措施，并设置必要的安全围栏和警示标志。

（3）开挖程序应遵循自上而下的原则，并采取有效的安全措施。

（4）开挖过程中，应采取有效的截水、排水措施，防止地表水和地下水影响开挖作业和施工安全。

（5）应合理确定开挖边坡比，及时制定边坡支护方案。

（二）土石方爆破

土石方爆破主要介绍了浅孔爆破、深孔爆破，以及光面爆破或预裂爆破三种爆破方法的作业要求。

1.浅孔爆破

（1）浅孔爆破宜采用台阶法爆破。在台阶形成之前进行爆破时应加大警戒范围。

（2）装药前应进行验孔，对于炮孔间距和深度偏差大于设计允许范围的炮孔，应由爆破技术负责人提出处理意见。

（3）装填的炮孔数量，应以当天一次爆破为限。

（4）起爆前，现场负责人应对防护体和起爆网路进行检查，并对不合格处提出整改措施。

（5）起爆后，至少 5min 后才可进入爆破区检查。当发现问题时，应立即上报并提出处理措施。

2.深孔爆破

（1）深孔爆破装药前必须进行验孔，同时应将炮孔周围（半径 0.5m 范围内）的碎石、杂物清除干净。对孔口岩石不稳固者，应进行维护。

（2）有水炮孔应使用抗水爆破器材。

（3）装药前应对第一排各炮孔的最小抵抗线进行测定，当有比设计最小抵抗线差距较大的部位时，应采取调整药量或间隔填塞等相应的处理措施，使其符合设计要求。

（4）深孔爆破宜采用电爆网路或导爆管网路起爆，大规模深孔爆破应预先进行网路模拟试验。

（5）在现场分发雷管时，应认真检查雷管的段别编号，并由有经验的爆破工和爆破工程技术人员连接起爆网路，经现场爆破和设计负责人检查验收。

（6）装药和填塞过程中，应保护好起爆网路；当发生装药卡堵时，不得用钻杆捣捅药包。

（7）起爆后，至少经过 15min 并等待炮烟消散后才可进入爆破区检查。当发现问题时，应立即上报并提出处理措施。

3.光面爆破或预裂爆破

（1）高陡岩石边坡应采用光面爆破或预裂爆破开挖。钻孔、装药等作业应在现场爆破工程技术人员指导监督下，由熟练爆破工操作。

（2）施工前应做好测量放线和钻孔定位工作，钻孔作业应做到"对位准、方向正、角度精"。

（3）光面爆破或预裂爆破宜采用不耦合装药,应按设计装药量、装药结构制作药串。药串加工完毕后应标明编号,并按药串编号送入相应炮孔内。

（4）填塞时应保护好爆破引线,填塞质量应符合设计要求。

（5）光面(预裂)爆破网路采用导爆索连接引爆时,应对裸露地表的导爆索进行覆盖,降低爆破冲击波和爆破噪声。

（三）土石方填筑

1. 土石方填筑的一般要求

（1）土石方填筑应按施工组织设计进行施工,不应危及周围建筑物的结构或施工安全,不应危及相邻设备、设施的安全运行。

（2）填筑作业时,应注意保护相邻的平面,高程控制点,防止碰撞造成移位及下沉。

（3）夜间作业时,现场应有足够照明,在危险地段设置明显的警示标志和护栏。

2. 陆上填筑应遵守的规定

（1）用于填筑的碾压、打夯设备,应按照厂家说明书规定操作和保养,操作者应持有效的上岗证件。进行碾压、打夯时应有专人负责指挥。

（2）装载机、自卸车等机械作业现场应设专人指挥,作业范围内不应有人平土。

（3）电动机械运行,应严格执行"三级配电两级保护"和"一机、一闸、一漏、一箱"要求。

（4）人力打夯时工作人员要精神集中、动作一致。

（5）基坑(槽)土方回填时,应先检查坑、槽壁的稳定情况,用小车卸土不应撒把,坑、槽边应设横木车挡,卸土时,坑槽内不应有人。

（6）基坑(槽)的支撑,应根据已回填的高度,按施工组织设计要求依次拆除,不应提前拆除坑、槽内的支撑。

（7）基础或管沟的混凝土,砂浆应达到一定的强度,当其不致受损坏时方可进行回填作业。

（8）已完成的填土应将表面压实，且宜做成一定的坡度以利排水。

（9）雨天不应进行填土作业。如需施工，应分段尽快完成，且宜采用碎石类土和砂土、石屑等填料。

（10）基坑回填应分层对称，防止造成一侧压力，引起不平衡，破坏基础或构筑物。管沟回填，应从管道两边同时进行填筑并夯实。填料超过管顶0.5m厚时，方可用动力打夯，不宜用振动碾压实。

3.水下填筑应遵守的规定

（1）所有施工船舶的航行、运输、驻位、停靠等应参照水下开挖中船舶相关操作规程的内容执行。

（2）水下填筑应按设计要求和施工组织设计确定施工程序。

（3）船上作业人员应穿救生衣，戴安全帽，并经过水上作业安全技术培训。

（4）为了保证抛填作业安全及抛填位置的准确率，宜选择在风力小于3级、浪高小于0.5m的风浪条件下进行作业。

（5）水下埋坡时，船上测量人员和吊机应配合潜水员，按"由高到低"的顺序进行埋坡作业。

（四）土石方施工安全防护设施

1.土石方开挖施工的安全防护设施

（1）土石方明挖施工应符合下列要求。

①作业区应有足够的设备运行场地和施工人员通道。

②悬崖、陡坡、陡坎边缘应有防护围栏或明显警示标志。

③施工机械设备颜色鲜明，灯光、制动、作业信号、警示装置齐全可靠。

④凿岩钻孔宜采用湿式作业，若采用干式作业必须有捕尘装置。

⑤供钻孔用的脚手架，必须设置牢固的栏杆，开钻部位的脚手板必须铺满绑牢，架子结构应符合有关规定。

（2）在高边坡、滑坡体、基坑、深槽及重要建筑物附近开挖时，应有相应可靠防止坍塌的安全防护和监测措施。

（3）在土质疏松或较深的沟、槽、坑、穴作业时，应设置可靠的挡土护栏或固壁支撑。

（4）坡高大于 5m，小于 100m，坡度大于 45°的低、中、高边坡和深基坑开挖作业，应符合下列规定。

①清除设计边线外 5m 范围内的浮石、杂物。

②修筑坡顶截水天沟。

③坡顶应设置安全防护栏或防护网，防护栏高度不得低于 2m，护栏材料宜采用硬杂圆木或竹跳板，圆木直径不得小于 10cm。

④坡面每下降一层台阶，应进行一次清坡，对不良地质构造应采取有效的防护措施。

（5）坡高大于 100m 的超高边坡作业和坡高大于 300m 的特高边坡作业，应符合下列规定。

①边坡开挖爆破时应做好人员撤离及设备防护工作。

②边坡开挖爆破完成 20min 后，由专业爆破工进入爆破现场进行爆后检查，存在哑炮及时处理。

③在边坡开挖面上设置人行及材料运输专用通道。在每层马道或栈桥外侧设置安全栏杆，并布设防护网及挡板。安全栏杆高度要达到 2m 以上，采用竹夹板或木板将马道外缘或底板封闭。施工平台应专门设置安全防护围栏。

④在开挖边坡底部进行预裂孔施工时，应用竹夹板或木板做好上下立体防护。

⑤边坡各层施工部位移动式管、线应避免交叉布置。

⑥边坡施工排架在搭设及拆除前，应详细进行技术交底和安全交底。边坡开挖甩渣、钻孔产生的粉尘浓度按规定进行控制。

（6）隧洞洞口施工应符合下列要求。

①有良好的排水措施。

②应及时清理洞脸，及时锁口。在洞脸边坡外侧应设置挡渣墙或积石槽，或在洞口设置网或木构架防护棚，其顺洞轴方向伸出洞口外长度不

得小于 5m。

③洞口以上边坡和两侧岩壁不完整时,应采用喷锚支护或混凝土永久支护等措施。

(7)斜、竖井开挖应符合下列要求。

①及时进行锁口。

②井口设有高度不低于 1.2m 的防护围栏。围栏底部距 0.5m 处应全封闭。

③井壁应设置人行爬梯。爬梯应锁定牢固,踏步平齐,设有拱圈和休息平台。

④施工作业面与井口应有可靠的通信装置和信号装置。

⑤井深大于 10m 应设置通风排烟设施。

⑥施工用风、水、电管线应沿井壁固定牢固。

2. 爆破施工安全防护设施

(1)工程施工爆破作业周围 300m 区域为危险区域,危险区域内不得有非施工生产设施。对危险区域内的生产设施设备应采取有效的防护措施。

(2)爆破危险区域边界的所有通道应设有明显的提示标志或标牌,标明规定的爆破时间和危险区域的范围。

(3)区域内设有有效的音响和视觉警示装置,使危险区内人员都能清楚地听到和看到警示信号。

3. 土石方填筑施工安全防护设施

(1)土石方填筑机械设备的灯光、制动、信号、警告装置齐全可靠。

(2)截流填筑应设置水流流速监测设施。

(3)向水下填掷石块,石笼的起重设备,必须锁定牢固,人工抛掷应有防止人员坠落的措施和应急施救措施。

(4)自卸汽车向水下抛投块石、石渣时,应与临边保持足够的安全距离,应有专人指挥车辆卸料,夜间卸料时,指挥人员应穿反光衣。

(5)作业人员应穿戴救生衣等防护用品。

（6）土石方填筑坡面碾压、夯实作业时，应设置边缘警戒线，设备、设施必须锁定牢固，工作装置应有防脱、防断措施。

（7）土石方填筑坡面整坡、砌筑应设置人行通道，双层作业设置遮挡护栏。

第二节　边坡工程施工技术

一、边坡稳定

（一）影响边坡稳定的因素

边坡失稳坍塌的实质是边坡土体中的剪应力大于土的抗剪强度。凡能影响土体中的剪应力、内摩擦力和凝聚力的，都能影响边坡的稳定。

（1）土类别的影响。不同类别的土，其土体的内摩擦力和凝聚力不同。例如，砂土的凝聚力为零，只有内摩擦力，靠内摩擦力来保持边坡的稳定平衡，而黏土则同时存在内摩擦力和凝聚力。因此，不同的土能保持其边坡稳定的最大坡度不同。

（2）土的含水率的影响。土内含水越多，土壤之间产生润滑作用越强，内摩擦力和凝聚力降低，因而土的抗剪强度降低，边坡就越容易失稳。同时，含水率增加，使土的自重增加，裂缝中产生静水压力，增加了土体的内剪应力。

（3）气候的影响。气候使土质变软或变硬，如冬季冻融又风化，可降低土体的抗剪强度。

（4）基坑边坡上附加荷载或者外力的影响，能使土体的剪应力大幅增加，甚至超过土体的抗剪强度，使边坡失去稳定而塌方。

（二）土方边坡的最陡坡度

为了防止塌方，保证施工安全，当土方达到一定深度时，边坡应做成一定的深度，土石方边坡坡度的大小和土质、开挖深度、开挖方法、边坡留置时间的长短、排水情况、附近堆积荷载有关。开挖深度越深，留置时间越长，边坡应设计得平缓一些，反之，可陡一些。边坡可以做成斜坡式，亦可做成踏步式。地下水位低于基坑(槽)或管沟底面标高时，挖方深度在5m内，不加支撑的边坡的最陡坡度应符合表3-2的规定。

表3-2　土石方边坡坡度规定

土的类型	边坡坡度(高：宽)		
	坡顶无荷载	坡顶有静载	坡顶有动载
中密的砂土	1：1.00	1：1.25	1：1.50
中密的碎石类土	1：0.75	1：1.00	1：1.25
硬塑的轻亚黏土	1：0.67	1：0.75	1：1.00
中密的碎石类土（充填物为黏性土）	1：0.50	1：0.67	1：0.75
硬塑的亚黏土、黏土	1：0.33	1：0.50	1：0.67
老黄土	1：0.10	1：0.25	1：0.33
软土(经井点降水后)	1：1.00		

(三)挖方直壁不加支撑的允许深度

土质均匀且地下水位低于基坑(槽)或管沟的底面标高时，其边坡可做成直立壁不加支撑，挖方深度应根据土质确定，最大深度见表3-3。

表3-3　基坑(槽)做成直立壁不加支撑的深度规定

土的类别	挖方深度/m
密实、中密的砂土和碎石类土(充填物为砂土)	1.00
硬塑、可塑的轻亚黏土及亚黏土	1.25
硬塑、可塑的黏土和碎石类土(充填物为黏性土)	1.50
坚硬的黏土	2.00

二、边坡支护

在基坑或者管沟开挖时，常因受场地的限制不能放坡，或为了减少挖填的土石方量、工期限制、防止地下水渗入等要求，一般采用设置支撑和护壁的方法。

(一)边坡支护的一般要求

(1)施工支护前，应根据地质条件、结构断面尺寸，开挖工艺、围岩暴露时间等因素进行支护设计，制定详细的施工作业指导书，并向施工作业人员进行交底。

(2)施工人员作业前,应认真检查施工区的围岩稳定情况,需要时应进行安全处理。

(3)作业人员应根据施工作业指导书的要求,及时进行支护。

(4)开挖期间和每茬炮后,都应对支护进行检查维护。

(5)对不良地质地段的临时支护,应结合永久支护进行,即在不拆除或部分拆除临时支护的条件下,进行永久性支护。

(6)施工人员作业时,应佩戴防尘口罩、防护眼镜、防尘帽、安全帽、雨衣、雨裤、长筒胶靴和乳胶手套等劳保用品。

(二)锚喷支护

锚喷支护应遵守下列规定。

(1)施工前,应通过现场试验或依工程类比法,确定合理的锚喷支护参数。

(2)锚喷作业的机械设备,应布置在围岩稳定或已经支护的安全地段。

(3)喷射机,注浆器等设备,应在使用前进行安全检查,必要时应在洞外进行密封性能和耐压试验,满足安全要求后方可使用。

(4)喷射作业面,应采取综合防尘措施降低粉尘浓度,采用湿喷混凝土。有条件时,可设置防尘水幕。

(5)岩石渗水较强的地段,喷射混凝土之前应设法把渗水集中排出。喷后应钻排水孔,防止喷层脱落伤人。

(6)凡锚杆孔的直径大于设计规定的数值时,不应安装锚杆。

(7)锚喷工作结束后,应指定专人检查锚喷质量,若喷层厚度有脱落、变形等情况,应及时处理。

(8)砂浆锚杆灌注浆液时应遵守下列规定。

①作业前应检查注浆罐、输料管、注浆管是否完好。

②注浆罐有效容积应不小于 $0.02m^3$,其耐力不应小于 $0.8MPa$ $(8kg/cm^3)$,使用前应进行耐压试验。

③作业开始(或中途停止时间超过 30 min)时,应用水或 0.5～0.6 水灰比的纯水泥浆润滑注浆罐及其管路。

④注浆工作风压应逐渐升高。

⑤输料管应连接紧密、直放或大弧度拐弯不应有回折。

⑥注浆罐与注浆管的操作人员应相互配合,连续进行注浆作业,罐内储料应保持在罐体容积的 1/3 左右。

(9)喷射机、注浆器、水箱、油泵等设备,应安装压力表和安全阀,使用过程中如发现破损或失灵时,应立即更换。

(10)施工期间应经常检查输料管、出料弯头、注浆管,以及各种管路的连接部位,如发现磨薄、击穿或连接不牢等现象,应立即处理。

(11)带式上料机及其他设备外露的转动和传动部分,应设置保护罩。

(12)施工过程中进行机械故障处理时,应停机、断电、停风;在开机送风、送电之前应预先通知有关的作业人员。

(13)作业区内严禁在喷头和注浆管前方站人;喷射作业的堵管处理,应尽量采用敲击法疏通。若采用高压风疏通时,风压不应大于 0.4MPa(4kg/cm^2),并将输料管放直,握紧喷头,喷头不应正对有人的方向。

(14)当喷头(或注浆管)操作手与喷射机(或注浆器)操作人员不能直接联系时,应有可靠的联系手段。

(15)预应力锚索和锚杆的张拉设备应安装牢固,操作方法应符合有关规程的规定。正对锚杆或锚索孔的方向严禁站人。

(16)高度较大的作业台架安装,应牢固可靠,设置栏杆;作业人员应系安全带。

(17)竖井中的锚喷支护施工应遵守下列规定。

①采用溜筒运送喷混凝土的干混合料时,井口溜筒喇叭口周围应封闭严密。

②喷射机置于地面时,竖井内输料钢管宜用法兰联结,悬吊应垂直固定。

③采取措施防止机具、配件和锚杆等物件掉落伤人。

（18）喷射机应密封良好，从喷射机排出的废气应进行妥善处理。

（19）要适当减少锚喷操作人员连续作业时间，定期进行健康体检。

（三）构架支撑

（1）构架支撑包括木支撑、钢支撑、钢筋混凝土支撑及混合支撑，其架设应遵守下列规定。

①采用木支撑的应严格检查木材质量。

②支撑立柱应放在平整岩石面上，应挖柱窝。

③支撑和围岩之间，应用木板、楔块或小型混凝土预制块塞紧。

④在危险地段，支撑应跟进开挖作业面，必要时，可采取超前固结的施工方法。

⑤预计难以拆除的支撑应采用钢支撑。

⑥支撑拆除时应有可靠的安全措施。

（2）支撑应经常检查，发现杆件破裂，倾斜、扭曲、变形及其他异常征兆时，应仔细分析原因，采取可靠措施进行处理。

第三节　坝基开挖施工技术

一、坝基开挖的特点

在水利工程中，坝基开挖的工程量达数万立方米，甚至数十万、百万立方米，需要大量的机械设备（钻孔机械、土方挖运机械等）、器材、资金和劳力。工程地质复杂多变，如节理、裂隙，断层破碎带、软弱夹层和滑坡等，还受河床岩基渗流的影响和洪水的威胁，需占用相当长的工期，从开挖程序来看属多层次的立体开挖作业。因此，经济合理的坝基开挖方案及挖运组织，对安全生产和加快工程进度具有重要的意义。

二、坝基开挖的程序

岩基开挖要保证质量，加快施工进度，做到安全施工，必须按照合理的开挖程序进行。开挖程序因各工程的情况不同而不尽统一，但一般都要以人身安全为原则，遵守自上而下、先岸后坡基坑的程序进行，即按事先确定的开挖范围，从坝基轮廓线的岸坡部分开始，自上而下，分层开挖，直到坑基。

对大、中型工程来说，当采用河床内导流分期施工时，往往是先开挖围护段一侧的岸坡，或者坝头开挖与一期基坑开挖基本上同时进行，而另一岸坝头的开挖在最后一期基坑开挖前基本结束。

对中、小型工程来说，由于河道流量小，施工场地紧凑，常采用一次断流围堰（全段围堰）施工。一般先开挖两岸坝头，后进行河床部分基坑开挖。对于顺岩层走向的边坡、滑坡体和高陡边坡的开挖，更应按照开挖程序进行开挖。开挖前，首先要把主要地质情况弄清，对可疑部位及早开挖暴露并提出处理措施。对一些小型工程，为了赶工期也有采用岸坡、河床同时开挖的。这时由于上下分层作业，施工干扰大，应特别注意施工安全。

河槽部分采用分层开挖逐步下降的方法。为了增大开挖工作面，增强钻孔爆破的效果，提高挖运机械的工作效率，解决开挖施工中的基坑排水问题，通常要选择合适的部位先抽槽，即开挖先锋槽。先锋槽的平面尺寸以便于人工或机械装运出渣为度，深度不大于 2/3（即预留基础保护层），随后就利用此槽壁作为爆破自由面，在其两侧布设有多排炮孔进行爆破扩大，依次逐层进行。当遇有断层破碎带，应顺断层方向挖槽，以便及早查明情况，做出处理方案。抽槽的位置一般选在地形低较、排水方便及容易引入出渣运输道路的部位，也可结合水工建筑物的底部轮廓，如布置，但截水槽、齿槽部位的开挖应做专题爆破设计。尤其是对基础防渗、抗滑稳定起控制作用的沟槽，更应慎重地确定其爆破参数，以防因爆破原因而对基岩产生破坏。

三、坝基开挖的深度

坝基开挖深度通常是根据水工要求按照岩石的风化程度（强风化、弱风化、微风化和新鲜岩石)来确定的。坝基一般要求岩基的抗压强度约为最大主应力的 20 倍左右,高坝应坐落在新鲜微风化下限的完善岩基上,中坝应建在微风化的完整岩基上,两岸地形较高部位的坝体及低坝可建在弱风化下限的基岩上。

岩基开挖深度并非一挖到新鲜岩石就可以达到设计要求,有时为了满足水工建筑物结构形式的要求,还须在新鲜岩石中继续下挖,如高程较低的大坝齿槽、水电站厂房的尾水管部位等。有时为了减少在新鲜岩石上的开挖深度,可提出改变上部结构形式,以减少开挖工程量。

总之,开挖深度并不是一个多挖几米少挖几米的问题,而是涉及大坝的基础是否坚实可靠、工程投资是否经济合理、工期和施工强度有无保证的大问题。

四、坝基开挖范围的确定

一般水工建筑物的平面轮廓就是岩基底部开挖的最小轮廓线。实际开挖时,由于施工排水、立模支撑、施工机械运行,以及道路布置等原因,常需适当扩挖,扩挖的范围视实际需要而定。实际工程中扩挖的距离,有从数米到数十米的。

坝基开挖的范围必须充分考虑运行和施工的安全。随着开挖高程的下降,对坡(壁)面应及时测量检查,防止欠挖,并避免在形成高边坡后再进行坡面处理。开挖的边坡一定要稳定,要防止滑坡和落石伤人。如果开挖的边坡太高,可在适当的高程设置平台和马道,并修建挡渣墙和拦渣栅等相应的防护措施。随着开挖爆破技术的发展,工程中普遍采用预裂爆破来解决或改善高边坡的稳定问题。在多雨地区,应十分注意开挖区的排水问题,防止由于地表水的侵蚀,引起新的边坡失稳问题。

开挖深度和开挖范围确定之后,应绘出开挖纵、横断面及地形图,作为基础开挖施工现场布置的依据。

五、开挖的形态

重力坝坝段,为了维持坝体稳定,避免应力集中,要求开挖以后岩基面比较平整,高差不宜太大,并尽可能略向上游倾斜。

岩基岩面高差过大或向下游倾斜,宜开挖成一定宽度的平台。平台面应避免向下游倾斜,平台面的宽度,以及相邻平台之间的高差应与混凝土浇筑块的尺寸协调。通常在一个坝段中,平台面的宽度约为坝段宽度的 1/3 左右。在平台较陡的岸坡坝段,还应根据坝体侧向稳定的要求,在坝轴线方向也开挖成一定宽度的平台。

拱坝要径向开挖,因此,岸坡地段的开挖面将会倾向下游。在这种情况下,沿径向也应设置开挖平台。拱座面的开挖,应与拱的推力方向垂直,以保证按设计要求使拱的推力传向两岸岩体。

支墩坝坝基同样要求开挖比较平整,并略向上游倾斜。支墩之间高差变大时,应该使各支墩能够坐落在各自的平台上,并在支墩之间用回填混凝土或支墩墙等结构措施加固,以维护支墩的侧向稳定。

遇有深槽或凹槽及断层破碎带情况时,应做专门的研究,一般要求挖去表面风化破碎的岩层以后,用混凝土将深槽或凹槽及断层破碎带填平,使回填的混凝土形成混凝土塞和周围的岩基一起作为坝体的基础。为了保证混凝土塞和周围岩基的结合,还可以辅以锚筋和按触灌浆等加固措施。

六、坝基开挖的深层布置

(一)坝基开挖深度

一般是根据工程设计提出的要求来确定的。在工程设计中,不同的坝高对岩基的风化程度的要求也不一样:高坝应建在新鲜、微风化下部的完整基岩上;中坝应建在微风化的完整基岩上;两岸地形较高部位的坝体及低坝可建在弱风化下限的岩基上。

(二)坝基开挖范围

在坝基开挖时,因排水、立模、施工机械运行及施工道路布置等原因,使得开挖范围比水工建筑物的平面轮廓尺寸略大一些,而基岩底部扩挖的范围应根据时间需要而定,实际工程中放宽的距离,一般数米到数十米不等。基础开挖的上部轮廓应根据边坡的稳定要求和开挖的高度而定。如果开挖的边坡太高,可在适当高程设置平台和马道,并修建挡渣墙等防护措施。

七、岩基开挖的施工

岩基开挖主要是用钻孔爆破,分层向下,留有一定保护层的方式进行开挖。坝基爆破开挖的基本要求是保证质量、注意安全、方便施工。

(一)保证质量

保证质量就是要求在爆破开挖过程中防止由于爆破振动影响而破坏岩基,防止产生爆破裂缝或使原有的构造裂隙有所发展;防止由于爆破振动影响而损害已经建成的建筑物或已经完工的灌浆地段。为此,对坝基的爆破开挖提出了一些特殊的要求和专门的措施。

为保证岩基岩体不受开挖区爆破的破坏,应按留足保护层(系指在一定的爆破方式下,建筑物岩基面上预留的相应安全厚度)的方式进行开挖。当开挖深度较大时,可采用分层开挖。分层厚度可根据爆破方式.挖掘机械的性能等因素确定。

遇有不利的地质条件时,为防止过大震裂或滑坡等,爆破孔深和最大装药量应根据具体条件由施工、地质和设计单位共同研究,另行确定。

开挖施工前,应根据爆破对周围岩体的破坏范围及水工建筑物对基础的要求,确定垂直向和水平向保护层的厚度。

保护层以上的开挖,一般采用延长药包梯段爆破,或先进行平地抽槽毫秒起爆,创造条件再进行梯段爆破。梯段爆破应采用毫秒分段起爆,最大一段起爆药量应不大于 500kg。

保护层的开挖是控制岩基质量的关键,其基本要求如下:

(1)如留下的保护层较厚,距建基面土 1.5m 以上部分,仍可采用中(小)孔径且相应直接的药卷进行梯段毫秒爆破。

（2）紧靠建基面土1.5m以上的一层，采用手风钻钻孔，仍可用毫秒分段起爆，其最大一段起爆药量应不大于300kg。

（3）建基面土1.5m以内的垂直向保护层，采用手风钻孔，火花起爆，其药卷直径不得大于32～36mm。

（4）最后一层炮孔，对于坚硬、完整岩基，可以钻至建基面终孔，但孔深不得超过50cm；对于软弱、破碎岩基，要求留20～30cm的撬挖层。

在安排施工进度时，应避免在已浇的坝段和灌浆地段附近进行爆破作业，如无法避免时，则应有充分的论证和可靠的防震措施。

根据建筑物对岩基的不同要求，以及混凝土不同的龄期所允许的质点振速度值（即破坏标准），规定相应的安全距离和允许装药量。

在邻近建筑物的地段（10m以内）进行爆破时，必须根据被保护对象的允许质点振动速度值，按该工程实例的振动衰减规律严格控制浅孔火花起爆的最小装药量。当装药量控制到最低程度仍不能满足要求时，应采取打防震孔或其他防震措施解决。

在灌浆完毕地段及其附近，如因特殊情况需要爆破时，只能进行少量的浅孔火花爆破，还应对灌浆区进行爆前和爆后的对比检查，必要时还须进行一定范围的补灌。

此外，为了控制爆破的地震效应，可采用限制炸药量或静态爆破的办法。也可采用预裂防震爆破、松动爆破、光面爆破等减振措施。

（二）注意安全

在坝基范围进行爆破和开挖，必须遵守相关作业的安全规程。在制定坝基爆破开挖方案时，开挖程序要以人身安全为原则，应自上而下，先岸坡后河槽的顺序进行，即要按照事先确定的开挖范围，从坝基轮廓线的岸坡部分开始，自上而下，分层开挖，直到河槽，如图3-2所示，不得采用自下而上或造成岩体倒悬的开挖方式。但经过论证，局部宽敞的地方允许采用"自下而上"的方式，拱坝坝肩也允许采用"造成岩体倒悬"的方式。如果基坑范围比较集中，常有几个工种平行作业，在这种情况下，开挖比较松散的覆盖层和滑坡体,更应自上而下进行。

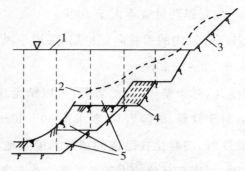

图 3-2　坝基开挖程序

1—坝顶;2—原地面线;3—安全削坡;4—开挖线;5—开挖层

(三)方便施工

方便施工就是要保证开挖工作的顺利进行,要及时做好排水工作。岸坡开挖时,要在开挖轮廓外围,挖好排水沟,将地表水引走。河槽开挖时,要配备移动方便的水泵,布量好排水沟和集水井,将基坑积水和渗水抽走。同时,还必须从施工进度安排、现场布置及各工种之间互相配合等方面来考虑,做到工种之间互相协调,使人工和设备充分发挥效率,施工现场井然有序,以及开挖进度按时完成。为此,有必要根据设备条件将开挖地段分成几个作业区,每个作业区又划分几个工作面,按开挖工序组织平行流水作业,轮流进行钻孔爆破、出渣运输等工作。在确定钻孔爆破方法时,需考虑到炸落石块粒径的大小能够与出渣运输设备的容量相适应,尽量减少和避免二次爆破的工作量。出渣运输路线一端应直接连到各层的开挖工作面的下面,另一端和通向上、下游堆渣场的运输干线连接起来。出渣运输道路的规划应该在施工总体布置中,尽可能结合场内交通半永久性施工道路干线的要求一并考虑,以节省临时工程的投资。

基坑开挖的废渣最好能加以利用,直接运至使用地点或暂时堆放。因此,需要合理组织弃渣的堆放,充分利用开挖的土石方。这不仅可以减少弃渣占地,而且还可以节约资金,降低工程造价。

不少工程利用基坑开挖的弃渣来修筑土石副坝和围堰,或将合格的砂石料加工成混凝土骨料,做到料尽其用。另外,在施工安排有条件时,弃渣还应结合农业上改地造田充分利用。为此,必须对整个工程的土石方进行全面规划,综合平衡,做到开挖和利用相结合。通过规划平衡,计算出开挖量中的使用量及弃渣量,均应有堆存和加工场地。弃渣的堆放场地,或利用于填筑工程的位置,应有沟通这些位置的运输道路,使其构成施工平面图的一个组成部分。

弃渣场地必须认真规划,并结合当地条件做出合理布局。弃渣不得恶化河道的水流条件,或造成下游河床淤积;不得影响围堰防渗,抬高尾水和堰前水位,阻滞水流;同时,还应注意防止影响度汛安全等情况的发生。特别需要指出的是:弃渣堆放场地还应力求不占压或少占压耕地,以免影响农业生产。临时堆渣区,应规划布置在非开挖区或不干扰后续作业的部位。

第四节　岸坡开挖施工技术

一、分层开挖法

分层开挖法是应用最广泛的一种方法,即从岸坡顶部起分梯段逐层下降开挖。这种方法的主要优点是施工简单,可以用一般机械设备进行施工,对爆破岩块大小和岩坡的振动影响较容易控制。

岸坡开挖时,如果山坡较陡,修建道路很不经济或根本不可能时,则可用竖井出渣或将石渣堆于岸坡脚下,即将道路通向开挖工作面是最简单的方法。

(一)道路出渣法

岸坡开挖量大时,采用此法施工,层厚度根据地质、地形和机械设备性能确定,一般不宜大于 15m。如岸坡较陡,也可每隔 40m 高差布置一条主干道(即工作平台)。上层爆破石渣抛弃工作平台或由推土机推至工作平台,进行二次转运。如岸坡陡峭,道路开挖工程量大,也要由施工隧洞通至各工作面。采用预裂爆破或光面爆破形成岸坡壁面。

(二)竖井出渣法

当岸坡陡峭无法修建道路,而航运、过木或其他原因在截流前不允许将岩渣推入河床内时,可采用竖井出渣法。

(三)抛入河床法

这是一种由上而下的分层开挖法,无道路通至开挖面,而是用推土机或其他机械将爆破石渣推入河床内,再由挖掘机装车运走。这种方法应用较多,但需在河床允许截流前抛填块石的情况下才能运用。这种方法的主要问题是爆破前后机械设备均需撤出或进入开挖面,很多工程都是将浇筑混凝土的缆式起重机先装好,钻机和推土机均由缆机吊运。

一些坝因河谷较窄或岸坡较陡,石渣推入河床后,不能利用沿岸的道路出渣,只好开挖隧洞至堆渣处,进行出渣。

(四)由下而上分层开挖

当岩石构造裂隙发育或地质条件等因素导致边坡难以稳定,不便采用由上而下的开挖法时,可考虑由下而上分层开挖。这种方法的优点主要是安全。混凝土浇筑时,应在上面留一定的空间,以便上层爆破时供石渣堆积。

二、深孔爆破开挖法

高岸坡用几十米的深孔一次或二三次爆破开挖,其优点是减少爆破出渣交替所耗时间,提高挖掘机械的时间利用率。钻孔可在前期进行,对加快工程建设有利,但深孔爆破技术复杂,难保证钻孔的精确度,装药、爆破都需要较好的设备和措施。

三、辐射孔爆破开挖法

辐射孔爆破开挖法也是加快施工进度的一种施工方法,在矿山开采时使用较多。为了争取工期,加快坝基开挖进度,一般采用辐射孔爆破开挖法。

高岸坡开挖时,为保证下部河床工作人员与机械安全,必须对岸坡采取防护措施。一般采用喷混凝土、锚杆和防护网等措施。喷混凝土是常用方法,不但可以防止石块掉落,对软弱易风化岩石还可起到防止风化和雨水湿化剥落的作用。锚杆用于岩石破碎或有构造裂隙可能引起大块岩体滑落的情况,以保证安全。防护网也是常用的防护措施。防护网可贴岸坡安设,也可与岸坡垂直安设。当与岸坡垂直安设时,应在相距一定高度处安设,以免高处落石击破防护网。

第四章　水库管理

第一节　水库概述

　　水库作为人类用于防洪减灾的关键工具,是我国国民经济基础设施建设的一个重要组成部分。水库的完工对于维护社会稳定和促进社会经济的持续增长起到了不可估量的影响。水库不仅为我们带来了社会和经济的双重益处,而且在改进干旱和半干旱地区的生态环境方面也发挥了不可或缺的作用。

一、水库的作用及类型

　　水库以兴利除害为目的,能够拦截一定量的河川径流,并有调整水流量的能力。水库的功能会根据不同的需求而有所区别。水库的主要功能包括利用水能进行发电、防洪、灌溉、供水、运输以及水产养殖等活动。在江河上游的山区,建设水库主要是为了更好地利用水能资源;中游以下的区域,建设水库主要是为了灌溉和防洪。虽然建立水库的目的有主有次,但绝大多数水库都是综合利用的。[①]

　　水库可以根据其总库容的大小划分为大、中、小型水库,其中,大型水库和小型水库各自又分为两级,即大(1)型、大(2)型,小(1)型、小(2)型。因此,水库规模的大小分为四等。

　　(一)按用途分类

　　水库按其用途可分为单目标水库和多目标水库两种。单目标水库只

---

①张美怡.中国工程院院士传记 张光斗传(下册)[M].北京:航空工业出版社,2016.

具有几种用途,如防洪水库、发电水库、灌溉水库、供水水库、航运水库、浮运水库等。多目标水库又称为综合利用水库,它具有防洪、发电、灌溉、供水、航运、养殖、旅游等多种用途或其中的一种用途,如新安江水库、丹江口水库等均属这一类型的水库。

(二)按调节能力分类

根据水库对径流的调节能力,水库可分为日调节水库、周调节水库、季调节水库、年调节水库、多年调节水库。

(三)按位置分类

根据水库在河流上的位置,水库可分为山谷型水库、丘陵型水库和平原型水库三种。山谷型水库位于河流上游的高山峡谷中,库区的形状呈狭长形,回水延伸较长,如龙羊峡水库、刘家峡水库等。丘陵型水库位于河流中游的山前区(即丘陵区),由于库区相对开阔,因此在坝高相同的情况下,其库容比山谷型水库要大,如新安江水库、岳城水库、黄壁庄水库等。平原型水库位于河流下游的平原区,它是利用天然的洼地(盆地)或湖泊筑坝而形成的水库。

此外,水库也可以被分为地上水库和地下水库。地面上建设的各类水库都被归类为地上水库;地下水库是一种利用地下冲积层或山岩溶洞来储存渗入地下的水,以满足灌溉和供水等水库。通常,地下水库可以进一步细分:利用历史上河道变迁遗留下的古河道修建的水库,如河北省的南宫水库;利用古代河流中的冲积扇修建的水库;利用喀斯特溶洞修建的水库,如六郎洞水库。由于地下水库主要是利用地面以下的空间来储存水量,因此不会出现淹没的问题,水库的蒸发也相对较少,但有时会出现浸没的问题。

二、水库对周围环境的影响

水库能给国民经济各个方面带来许多综合效益,也能对周围环境产生一定的影响,如造成淹没、浸没、库区坍岸、气候和生态环境的变化等。

水库是人工湖泊,它需要足够的空间来储存水量和滞蓄洪水,因此会淹没大量的土地、设施和自然资源,如淹没农田、城市、工厂、矿山、森林、建筑物、交通和通信线路、文物古迹、风景游览区和自然保护区。水库的淹没可分为永久性淹没和临时性淹没两类。位于水库正常蓄水位之下的库区,属于永久淹没区;位于正常蓄水位之上至校核洪水位之间的库区,属于临时淹没区。位于永久淹没区的居民,需要搬迁到更为安全的地方,并对他们的日常生活和生产活动进行重新规划。位于临时淹没区的居民,没有迁移的必要,但应当实施适当的防洪措施。水库被淹没的面积大小是由水库的库容、库面面积及地理位置共同决定的。

水库建成蓄水后,其周边地区的地下水位也会随之抬高。在某些特定的地质条件下,这些区域可能会出现浸没现象,如土地开始出现沼泽化的现象;导致农田的盐碱化现象,使农田变得荒废或农作物产量下降;导致蚊蝇的大量繁殖,进一步恶化了居民的卫生状况和饮水环境;导致建筑物地基沉陷,房屋倒塌,道路翻浆。

在河道上建立了水库之后,流入水库的水流速度有所减小,这导致水中携带的泥沙在水库内沉积,占据了一定的库容,这不仅影响了水库的经济效益,还缩短了水库的使用寿命。尤其值得注意的是,部分颗粒较粗的泥沙在水库入口沉积,形成了所谓的"拦门沙"现象,这导致水库回水抬高,扩大了库尾和支流的淹没范围,降低了航道的深度,并可能导致港口淤塞和影响上游建筑物的正常运作。

通过水库排放的清水导致下游河水的含沙量减少,引发河床冲刷,这不仅威胁到下游桥梁、堤防、码头和护岸工程的安全,还会导致河道水位的下降,进而影响下游地区的引水和灌溉工作。

随着水库的蓄水,水库两侧的库岸在水的浸泡作用下使岩土的物理力学性质发生改变,抗剪强度减小,或者在风浪和冰凌的冲击和淘刷下,导致库岸变得不稳定,产生坍塌、滑坡和库岸再造。库岸大规模的坍塌不仅会导致大量的农田和森林遭到破坏,还可能威胁到岸边的建筑物和居住区的安全。

水库的建设,尤其是大型水库的建设之后,形成了人工湖泊和扩大了水面面积,这无疑会对库区的气温、湿度、降雨、风速和风向产生影响。通常情况下,库区的年均气温会上升,而气温的日变幅和年变幅则会有所下降;空气中的绝对湿度与相对湿度都有所增加;水库上方的直接降水量有所减少,而库区附近的地方降水量则有所增加;随着风速的变大和风向的变化,海陆风也会随之产生;水库水面的蒸发量有所增大。

在自然环境中,江河里的水经过长时间的持续流动,为其周边环境创造了一种天然的生态平衡状态。在水库建设完成之后,原先流动的水被水库拦截并储存,转变为静水。在太阳热辐射的影响下,水的温度增高,水中微生物数量增加。当上游河流中富含大量氮磷物质时,水中的浮游生物和水生植物会大量繁衍。这种环境为那些在缓流或静水中摄食浮游生物的鱼类创造了良好的生活环境,并为它们提供了一个理想的产卵场所,尤其是那些产黏性卵的鱼类。然而,河道上建设的水库切断了鱼类洄游的路径,这对洄游鱼类,尤其是那些需要上溯到水库上游或支流去繁殖的鲑科鱼类,产生了极其不利的影响。另外,水库的回水可能会淹没某些鱼类的产卵场所。

尽管水库为居民提供了高品质的生活用水和美丽的生活环境,但水库的浅水区却长满了杂草,成为疟蚊的滋生地。附近的沼泽地为血吸虫中间宿主钉螺提供了一个优质的繁殖环境。

在水库建设完成之后,由于水库内部水体的影响,在特定的地质条件下可能会出现水库触发地震现象,简称水库地震。

水库能给国民经济带来巨大的效益,也会给周围的环境带来一定的不利影响,但前者是十分重要的,而后者也是可以通过一定的措施加以改善和减免的。

第二节　水库的控制运用

一、水库控制运用的意义

水库的作用是调节径流、兴利除害。但是,由于水库功能的多样性和河川未来径流的难以预知性,使水库在运用中存在一系列的矛盾问题。这些问题概括起来主要表现在四个方面:①汛期蓄水与泄水的矛盾;②汛期弃水发电与防汛的矛盾;③工业、农业、生活用水的分配矛盾;④在水资源的配置和使用过程中产生用水部门及地区间的不平衡而发生的水事纠纷问题。这就要求对水库应加强控制运用,合理调度。只有这样,才能在有限的水库水资源条件下较好地满足各方面的需求,获得较大的综合效益。如果水库调度同时结合水文预报进行,实现水库预报调度,这种情况所获得的综合效益将更大。

二、水库调度工作要求

水库调度包括防洪调度与兴利调度两个方面。[①] 在水情的长期预报还不稳定的情况下,可以依据已制定的水库调度图和调度准则来指导水库的调度工作,或者参照中短期的水文预报来进行水库预报调度。对于多沙河流上的水库,还需要妥善平衡拦洪蓄水和排沙的关系,即做好水沙调度。在进行水库群调度时,需要特别关注补偿调节和梯级调度问题。为了确保调度工作的顺利进行,应预先制订水库的年调度计划,并依据实际的来水和用水状况来进行实时调度。

水库的年度调度计划是基于水库的原始设计和历年运行经验,并结合年度的具体状况来制订的全年调度任务的整体计划。

水库的实时调度指的是在水库日常运行中遇到的特定时段,根据具体的运行状况来制定相应的调度措施与方法,旨在达成既定的调度目标,确保水库的安全,并使水库的效益最大化。

三、水库控制运用指标

水库控制运用指标指的是在水库实际运营过程中作为控制条件的一系列特定水位。这些指标不仅是制订水库调度计划的关键数据,也是实

---

①李家东,徐帅,田开迪,等.黑河黄藏寺水利枢纽工程环境影响及保护措施研究[M].郑州:黄河水利出版社,2021.

际运行中判别水库运行是否安全和正常的主要依据之一。

在水库的设计阶段,根据相关的技术标准来确定了一系列的特征水位,包括校核洪水位、设计洪水位、防洪高水位、正常蓄水位、防洪限制水位和死水位等。这些因素不仅决定了水库的规模和效益,同时也为水库大坝等水工建筑物的设计提供了核心参考。

(一)允许最高水位

水库运行中,在发生设计的校核洪水时允许达到的最高库水位。它是判断水库工程防洪安全最重要的指标。

(二)汛期限制水位

水库为保证防洪安全,汛期要留有足够的防洪库容而限制兴利蓄水的上限水位。一般根据水库防洪和下游防洪要求的一定标准洪水,经过调洪演算推求而得。

(三)汛末蓄水位

综合利用的水库,汛期根据兴利的需要,在汛期限制水位上要求充蓄到的最高水位。这个水位在很大程度上决定了下一个汛期到来之前可能获得的兴利效益。

(四)兴利下限水位

水库兴利运用在正常情况下允许消落到的最低水位。这体现了兴利的需求和各种控制条件,这些条件涵盖了泄水和引水建筑物的设备高程、水电站的最小工作水头、水库内的渔业生产、航运、水源保护及其他相关要求,等等。

第三节　坝身管理

我国的筑坝数量居世界首位。坝身的安全直接关系着水库和人民生命财产的安全。因此,必须重视坝身的管理工作,进行经常性的检查、养护和维修,发现问题及时处理,以确保水库的安全运用,延长使用寿命,充分发挥效益。

一、土坝的养护和修理

(一)土坝的检查和养护

1.土坝的日常检查

根据各地的水库管理经验,土坝平时检查工作的内容,主要有以下几个方面。

(1)检查坝体和坝体与岸坡或其他建筑物连接处有无裂缝,并分析裂缝产生的原因、发展情况。

(2)检查有无滑坡、塌坡、表面冲蚀、兽洞、白蚁穴道等现象。

(3)检查背水坡、坝脚、涵管附近坝体和坝体与两岸接头处有无散浸、漏水、管涌或流土等现象。

(4)检查坝面护坡有无块石翻起、松动、塌陷或垫层流失等现象;检查坝面排水沟是否有堵塞、淤积或积水现象;检查坝顶路面及防浪墙是否完好。

(5)结合日常检查,每年汛前和汛后应进行一次大检查,特别是在水库处于高水位、水位变化较大、暴雨时期和地震后应加强检查。

2.土坝的养护工作

(1)在水库运用过程中,应按控制运用计划严格控制各期水位。放水时,水位降落速度一般每昼夜不应超过 $1\sim2m$,以免造成土坝临水坡滑坡。

(2)要经常保持坝顶、坝坡和马道等表面的完整。发现坍塌、细微裂缝、雨淋沟、隆起滑动、兽穴或护坡破坏等,应及时加以维修。

(3)严禁在大坝和其他建筑物附近挖坑取土、爆破和炸鱼,以免影响大坝安全。禁止在坝上种植树木、放牧牲畜、堆放重物、建房等;禁止利用护坡做航运码头或在坝坡附近的库面停泊船只、竹筏等漂浮物;禁止利用坝顶、坝坡、坝脚做输水渠道。

(4)为保证坝面不受雨洪冲刷,应在坝顶、坝坡、坝端和坝趾附近设置集水、截水及排水沟,并注意经常整修、清淤,使排水畅通无阻。

（5）减压井的井口应高于地面,防止地表水倒灌。如果减压井因淤积而影响减压效果,应采取洗井、抽水或掏淤的方法清除井内淤积物。如果减压井已遭损坏无法修复,可将减压井用滤料填实,另打新井。

（6）注意坝体和坝基中埋设的各种监测设备和监测仪器的养护,以保证各种设备能及时、正常地进行监测。

（二）土坝裂缝及其处理

土坝裂缝对土坝的安全有很大威胁,是土坝常见的一种破坏形式。根据产生原因,土坝裂缝主要分为以下三种。

1.因筑坝土料失水干缩引起的裂缝

筑坝用的土料中含有一定量的水分。当这些水分经过阳光照射后蒸发,土料会从湿润状态转变为干燥状态,导致土体表面出现干缩,进而形成裂缝,这种裂缝通常被称为干缩裂缝或龟裂。在筑坝过程中,如果使用的土料具有较强的黏性和较大含水量,那么土坝出现干缩裂缝的风险也较大。采用壤土筑坝,其裂缝相对较少。对于砂性土质,失水后不会干缩,不会出现龟裂的情况。干缩裂缝通常出现在坝体表层,并且大多数情况下呈现出不规则的分布模式,交织在一起。

对于有防渗体的土坝,如果干缩裂缝发生在黏土斜墙或铺盖上,可能会引起渗流破坏,影响防渗效果和土坝安全。因此,一旦出现这种现象,应及时进行开挖回填处理。

2.因不均匀沉陷引起的裂缝

由于坝体与坝基的土料不同,其压缩性也有所不同。当荷载条件保持不变时,具有较强压缩性的土料会有更大的沉陷量。由于土坝在坝轴线方向上的填筑高度存在差异,因此坝体的各个部分在垂直方向上的压缩程度也会有所不同。这些因素都是导致土坝出现不均匀沉陷的根本原因。当不均匀沉陷量超过一定限度时,就会产生沉陷裂缝。沉陷裂缝一般可分横向裂缝、纵向裂缝和内部裂缝三种形式。这三种裂缝与渗漏通道均属于非滑动性的,处理的方法主要有以下三种。

（1）挖回填法。

在裂缝处理技术中，开挖回填被认为是一种相对彻底的手段，特别适合处理深度较浅的表面裂缝和防渗区域的裂缝。对于深度不超过 1.0m、宽度不超过 0.5mm 的纵向裂缝，以及由干缩和冰冻等因素导致的微小表面裂缝，可以选择仅堵塞缝口而不进行修复。然而，对于较深和较宽的干缩裂缝，建议采用开挖和回填的处理方式。开挖回填技术可以分为梯形揳入法、梯形十字形法和梯形加盖法。

（2）土坝灌浆。

对于水库土坝（包括圩堤），如果坝体存在裂缝、暗沟、孔洞等隐患较多，开挖翻修困难，施工夯压不足，填土接近松堆现象等情况，都可以采用灌浆方法进行处理。土坝（圩堤）灌浆后，泥浆在堤坝的轴线上形成了一层帷幕。泥浆填充了宽度或直径超过 0.5mm 的裂缝和孔洞，使其变得更加紧密。此外，泥浆与两侧的土层紧密结合，有效地防止了渗漏，加固效果非常明显。

（3）开挖回填与灌浆相结合[①]。

此法适用于自表层延伸至坝体深处的中等深度的裂缝，或者水库水位较高，全部采用开挖回填有困难的部位。其做法是：先开挖回填裂缝的上部，再对深处的裂缝进行灌浆。需要注意的是，在灌浆前，必须先进行压重固脚处理，防止因灌浆而引起滑坡。

3.因滑坡引起的裂缝

土坝滑坡导致的裂痕被称为滑坡裂缝。在初始阶段，通常首先会出现纵向的裂缝，随着裂缝的逐渐扩展，这些裂缝会变成弧形。这类裂缝对土坝构成了巨大的威胁，因此应当迅速采取措施进行修复。一般有以下几种处理措施。

（1）开挖回填。

对于由于填土质量不佳或分阶段加高培厚导致的滑坡，最佳做法是

---

①倪福全，邓玉，郑志伟，等.农业水利工程概论［M］.2版.北京：中国水利水电出版社，2018.

完全挖掉滑坡体,然后用与坝体土质相同的材料进行回填,并进行分层夯实,以达到原设计要求的干容重。在开挖和回填的过程中,首先需要对坝趾的排水系统进行修复,确保其排水流畅,并发挥压脚和抗滑的功能。

(2)放缓坝坡。

如果由于坝坡过陡而引起滑坡,应结合处理滑坡体放缓坝坡。一般做法是:先将滑动土体挖除,并将坡面切成阶梯状,然后按放缓的坝坡加大坡面,用原坝体土料分层填筑,夯压密实。

(3)压重固脚。

比较严重的滑坡,滑坡体底部往往脱离坝脚,必须在滑坡体下部采用堆筑块石压重固脚的措施,以增强其抗滑能力。

(4)清淤排水。

对于坝基有淤泥或软弱土质而引起的滑坡,一般应将淤泥或软弱土层全部挖除或采用排水措施(开沟导渗),以减小淤泥或软弱土层的含水量。同时,在坝脚用砂石料压重固脚。

(5)开沟导渗。

如果原先的坝坡是稳固的,但由于排水系统失效,浸润线上升,导致坝坡土体饱和而引起滑坡,可采用这种方法。该方法的做法是:从滑坡开始的最高点到坝底,进行导渗沟的挖掘,并在沟内埋入砂石等导渗材料。接下来,将陡坡之上的土体切割为斜坡,并换填砂性土壤,使其坡度与滑坡前保持一致,并对其进行夯实处理,如有需要,可以适当减小坡度,压重固脚。

(三)土坝的渗漏及其处理

1.土坝的渗漏

根据渗漏现象的不同,土坝的渗漏可以被分为散浸和集中渗漏。散浸通常出现在下游坝坡的表面,最初渗漏区域的坝面是湿润的,但随着土体的饱和和软化,坝坡面上就会出现小的水滴和水流;集中渗漏通常出现在坝坡、坝基和岸坡上,渗水通常通过渗透通道、薄弱区域或裂缝以集中水股的方式流出,对大坝造成的危害很大。

渗漏根据发生部位的不同可分为坝身渗漏、坝基渗漏、接触渗漏和绕坝渗漏,其发生的原因如下。

(1)坝身渗漏。

坝身出现渗漏的主要因素包括:①坝身的填筑质量不佳,如碾压不实,分期、分段施工或分层填筑过程中层面的结合不够紧密;②土壤中的砂石、杂草和树根形成了一定的空隙,导致土壤的透水性过强,蓄水后变成了渗水的通道;③坝体过于薄弱,坝趾的排水功能不达标或堵塞失效,导致浸润线上升,从而使渗水从坝面溢出;④其他因素,如生物孔穴等,都可能引发对水库安全构成威胁的渗漏问题。

(2)坝基渗漏。

产生坝基渗漏的主要原因有坝基有强透水层,而没有做垂直防渗墙,防渗墙没有做到不透水层,防渗墙质量差,黏土铺盖厚度、长度不够或质量差,坝基清理不彻底,在坝前铺盖或坝后任意挖坑取土,破坏了地基的渗透稳定等。

(3)接触渗漏。

土坝坝基未进行彻底清理;坝与地基接触面未做适当的接合槽设计,或者接合槽的尺寸过小;土坝与两岸连接处的岸坡过于陡峭,清理不彻底;防渗设备与基岩连接时,没有设置截水墙;土坝与混凝土建筑物连接处没有设置防渗刺墙或防渗刺墙长度不足;坝下涵管没有设置截水环或截水环的高度不够等因素都可能成为渗流的薄弱面,产生接触冲刷,成为集中渗流的通道。

(4)绕坝渗漏。

库水从土坝两侧的岸坡渗往下游,这一渗漏现象称作绕坝渗漏。绕坝渗漏可能是沿坝岸结合面,或者是沿坝端山坡土体的内部渗往下游。当绕坝发生渗漏时,坝端部分坝体内的浸润线会被抬高,这将导致岸坡背面出现阴湿、软化和集中渗漏的现象,甚至可能触发滑坡事件。导致绕坝渗漏的主要因素有:两岸的地质状况不佳,坝岸连接部位的防渗措施不完备,以及施工质量不符合要求等。

2.土坝渗漏的处理

土坝渗漏处理的基本方法是"上截"和"下排",即在坝的上游面设置坝体防渗设备和坝基防渗设备用以阻截渗水;在坝的下游面设置排水和导渗设备,使渗水及时排出,而又不挟带土粒。

(1)上游防渗措施。

①上游抛土:这种方法施工简便且不必将库水放空,可直接在水中抛土。抛土时,一般可用船只将土料运至预定地点向库内抛投。土料适合选用易于崩解的黏性土。

②黏土铺盖:这种方法必须放水处理,将渗漏部位全部露出水面。如果要处理坝基渗漏,还需将库水放空。土料适合选用黏土,且需分层夯实。

③黏土防渗墙:在坝基不透水层上建筑垂直防渗墙(或截水槽),是堵截坝基渗漏的有效措施。

④灌浆:对于坝身、坝基和绕坝渗漏等问题,均可采用灌浆方法处理,即在预定的部位灌注浆液防渗。其方法基本与土坝裂缝灌浆方法相同。

⑤堵塞洞穴:对于白蚁、獾、鼠、蛇等洞穴,应先迫巢捕杀或熏烟灌浆毒杀,然后回填土料封闭夯实。

(2)下游导渗措施。

①导渗沟:导渗沟应设在下游渗漏部位,形状有 Y 形、W 形、I 形。沟宽 0.5~0.8m,沟深 0.8~1.0m,间距一般为 5~15m,沟内按反滤要求分层填筑砂石材料。

②导渗培厚:对于坝身渗漏严重,浸润线在坡面溢出,土坝坝身单薄的情况,应在渗漏部位按反滤要求先贴一层砂壳,再培厚坝身断面。这不仅可以导渗,而且可以增加坝坡的稳定性。

③坝后导渗、压渗:坝基渗漏常用的处理措施有设置水平铺砂层、修建排水沟等。其做法是:先将坝后淤泥和沼泽土清除干净,铺一层厚 0.3~0.5m 的粗砂层,并在砂池的外边预埋一条排水管,上面铺一层 0.2~0.3m 厚的碎石层,再铺一层粗砂防淤。如果坝基渗漏严重,在坝后发生翻水冒砂、管涌或流土等现象时,就需要采用压渗措施。常采用压渗台的形式进行处理,这样既可以使地基渗水排出,又能够稳定坝基。

(四)白蚁的危害和防治

1.白蚁的危害

白蚁的分布范围非常广泛,并且种类繁多。根据白蚁的生活方式,可以将它们大致分为土栖白蚁、木栖白蚁以及土木两栖白蚁三大类。白蚁不仅会对森林、农作物以及房屋、工程设施造成重大经济损害,还会对人们的生命和财产构成威胁。特别是栖居在堤坝上的土栖白蚁对堤坝危害极大。

土栖白蚁在土坝中筑巢并繁衍后代,这些蚁巢之间的路径错综复杂,将坝身蛀成许多空洞,有些甚至穿越大坝形成管洞。当库水位上涨时,这些管洞就变成了漏水的通道。随着水压的增加和时间的推移,会释放出大量的泥土,导致洞径不断扩大,从而使坝身突然下陷,如果不能进行及时抢救,就可能引发溃坝事故。因此,必须高度重视白蚁防治工作,确保完全消除白蚁对土坝造成的危害。

2.白蚁的灭治方法

要想彻底消灭白蚁,首先需要深入了解白蚁的行为模式,探得蚁道和主巢的位置,然后采用多种方法进行治理。尽管白蚁的巢穴隐藏在地下深处,但当它们从地面上觅食时,往往会留下一些明显的痕迹。我们可以通过观察树木和堤坝上的草木根茎是否受损,以及坝体附近是否有气孔或泥土覆盖的表面特征来进行判断,还可以使用诱饵探巢法或开沟查找蚁路等方法进行搜寻。灭治的方法有:烟熏毒杀、灌浆毒杀、毒土灭杀、挖坑诱杀等。

3.白蚁的预防措施

对白蚁的预防,一般可采取以下措施。

(1)堤坝基础处理。

在建造、翻修或加高培厚堤坝时,要注意做好清基,对堤坝坡上的杂草、树根要清除干净,特别是与堤坝两头相连的山坡更要注意检查,如有蚁患要认真清理。

(2)毒土层预防。

对于新建堤坝,可在其表层的 0.5～1.0m 加土夯实时,层层喷洒药剂,作为毒土防蚁层。在迎水坡正常水位以下及块石护坡部分则不需喷洒。这种毒土层在一定的时间内能起到预防作用,但应注意对环境的污染。

(3)诱杀长翅繁殖蚁。

在白蚁纷飞季节,可在离堤坝 15～30m 外装置黑光灯,根据地形设置 1～2 排。在每盏灯下放置水盆,水面离灯 40cm 左右,并在水面滴上火油,使分群有翅成虫跌落水中淹死。此外,还可利用生物进行防治,对青蛙、蝙蝠、蚂蚁等白蚁的天敌要加以保护,也可放养鸡群食蚁。

二、浆砌石坝坝体和坝基渗漏的原因及处理

(一)坝体渗漏原因及处理

1.坝体渗漏原因

浆砌石坝在蓄水后,常常会在下游或通道内发现射水、渗水或阴湿面,这些现象统称为坝体渗漏。导致坝体渗漏的原因包括:由于坝体出现裂痕导致渗漏现象;在砌石的上游防渗区域,由于施工品质不达标或裂缝划分不恰当,受温度的影响可能导致裂缝、接触冷缝或其他渗水通道的形成;在砌筑过程中,砌缝里的砂浆并不饱满,存在很多空隙,或者在施工时砂浆过于稀薄,导致干缩后产生裂缝,从而导致坝体发生渗漏;由于砌体石料自身的抗渗性能较低,库水渗过石料而形成阴湿面。

在砌石坝的下游渗水区,常常会有乳白色的碳酸盐沉积物,这是坝体渗漏的明显标志。当坝体刚开始蓄水时,会有大量的渗水,但由于缝隙较细,渗水通道被水所分解的物质堵塞,因此渗水逐步减少,最终停止渗水。如果渗漏通道较大,不易被分解物阻塞,那么长时间的渗水将会削弱坝身砌体的强度,影响工程安全。

2.坝体渗漏的处理

(1)水泥砂浆重新勾缝。

当坝体石料质量较好,仅局部地方由于施工质量较差,如砌缝中砂浆不够饱满,或砂浆干缩产生裂缝而造成渗漏时,均可采用勾缝方法处理。

对于上游防渗墙裂缝引起的渗漏,当裂缝不稳定时,可进行表面粘补处理;当裂缝已稳定时,可进行勾缝处理。

(2)灌浆处理。

当坝体砌筑质量普遍较差,大范围内出现严重渗漏,勾缝无效时,可采用从坝顶钻孔灌浆,在坝体上游部分形成防渗帷幕的方法进行处理。

(3)上游面加厚坝体。

当坝体砌筑质量普遍较差,渗漏严重,勾缝无效,但又无灌浆条件时,可放空水库,在上游面加厚坝体起防渗层作用。如原坝体较单薄,则应结合加固工作,采用加厚坝体的方式进行处理。

(4)上游面增设防渗层。

当坝体石料质量差,抗渗性能较低,加之砌筑质量不合要求,渗漏严重时,可采取在上游面增设混凝土防渗面板(墙)、五层砂浆防渗层或喷浆防渗层等方法进行处理。

混凝土防渗面板施工时应放空水库,布置钢筋,加强与原坝体的连接,接着对原坝面进行凿毛、清洗处理,之后再浇筑混凝土。

五层砂浆防渗层:第一层为素灰层,厚约 2mm,用水灰比值为 0.35～0.40 的水泥浆分两次压抹,待初凝后抹第二层;第二层为厚 4～5mm 的 1∶2.5 的水泥砂浆层,第二层表面要求粗糙拉毛,待终凝后表面浇水,再做第三层;第三层为素灰层,厚 2mm;第四层为水泥砂浆层,厚 4～5mm;第五层是当第四层初凝时抹上的 2mm 素灰,抹压光滑,终凝后浇水养护。五层砂浆防渗层由于能够避免各层砂浆间的裂缝或细小孔隙连通,形成漏水通道,所以能够起到较好的防渗效果。

喷浆防渗层是将水泥砂浆通过高压喷射到上游面,使水泥砂浆牢固地黏附在坝面上而形成的防渗层,厚度一般为 30～70mm。为在施工时不发生砂浆流淌现象或因自重而坠落,宜分层喷射,每次喷射的厚度不应超过 20～30mm。采用喷浆防渗层可以节约大量水泥。

(二)坝基渗漏处理

由于各种地质条件的影响,坝基岩石均存在不同程度的裂隙现象。

在进行坝基建设时,这些裂隙如果没有得到适当的处理,水库在蓄水之后就可能会出现坝基或绕坝的渗漏问题。针对坝基的渗漏问题,通常会选择使用水泥灌浆技术来构建防渗帷幕。

在实施帷幕灌浆的过程中,首先需要明确帷幕的布局、深度、厚度、孔距、排距以及灌浆的压力。只有当水泥浆能够渗透到岩石的裂缝中时,水泥灌浆才能发挥作用。因此,岩石中的裂缝大小应大于水泥颗粒的若干倍,并且这些裂隙与预设的灌浆孔应当是相互连通的。一般水泥中包含 0.1~0.2mm 的颗粒占 10%~30%。因而水泥浆可能灌入的裂隙最小宽度为 0.1~0.2mm。

第四节　溢洪道检查管理

溢洪道是宣泄洪水、保证水库安全的重要设施。[①] 溢洪道一般有主溢洪道和非常溢洪道之分。溢洪道的任务就是将汛期水库拦蓄不了的多余洪水,从上游安全泄放到下游河床中去,因此它比原河道有较大的落差。

一、溢洪道的检查和养护

通常情况下,溢洪道是由进口段、控制段、泄槽段、消能段以及尾水渠这几个主要部分构成的。确保溢洪道安全泄洪是保障水库安全运行的最关键步骤。对于大部分水库的溢洪道而言,进行泄洪的可能性相对较低,而释放大量洪水的可能性则更加有限。然而,为了确保洪水的绝对安全,每年在汛期来临之前,水库都需要做好充分的准备以释放最大的洪水。工程管理的焦点应集中在日常的检查和维护工作上,要确保对溢洪道进行持续的检查和加固,以保证溢洪道始终能够正常泄水。其主要检查内

---

①蒲小琼,陈玲,尹湘云.画法几何及水利土建制图[M].武汉:武汉大学出版社,2015.

容如下：

（1）检查溢洪道的宽度和深度，汛期过水时的过水能力，以及汛后检查监测各部位有无淤积或坍塌堵塞现象。

（2）检查溢洪道的进水渠及两岸岩石是否裂隙发育，是否风化严重或有崩塌现象，检查排水系统是否完整，如有损坏需及时处理，加强维护加固。

（3）检查溢洪道的闸墩、底板、胸墙、消力池等结构有无裂缝和渗水现象。

（4）应注意观察风浪对闸门的影响，冬季结冰对闸门的影响。检查闸门有无扭曲，门槽有无阻碍，铆钉或螺栓是否脱落松动，止水是否完好，启闭是否灵活等。

（5）泄流期间观察漂浮物对溢洪道胸墙、闸门、暗道的影响。

（6）观察溢洪道泄洪期间控制堰下游和消力池的水流形态以及陡坡段水面线有无异常变化。

二、溢洪道的冲刷与处理

在泄洪过程中，由于溢洪道的陡坡和出口段水流湍急，流速极高，因此常常会在下游的出口段产生冲刷现象。在陡峭的斜坡弯曲部分，由于离心力的影响，水面可能会发生倾斜、碰撞或产生冲击波，此时需要检查水面线是否有异常变动。许多溢洪道在弯道和出口位置都曾发生过事故，所以必须高度关注这个问题。

（1）对冲刷造成的损害进行处理。当溢洪道经过陡坡的高速冲刷后，通常会在陡坡底部、消力池底部或冲坑附近受到冲刷，因此在汛期结束后，对这些区域进行加固是非常必要的。

（2）对底板的结构进行处理。部分溢洪道陡坡是直接建立在坚固的岩石基础上，无须额外衬砌，但一般的溢洪道陡坡都需要使用砌护材料来制作底板。在溢洪道泄水的过程中，底板需要承受多种压力，包括水压力、水流的拖曳力、脉动压力、动水压力、浮托力以及地下水的渗透压力等。此外,底板还需要承受由温度变化或冻融交替产生的伸缩应力,以及自然风化和磨蚀的影响。因此,底板砌护材料必须具备足够的厚度和强度。

钢筋混凝土或混凝土底板,适用于大型水库或通过高速水流的中型水库溢洪道上,土基上底板厚度需 30～40cm,并适当布置面筋;在岩基上厚度需 15～30cm,并适当布置面筋。在不太重要的工程上采用素混凝土材料制成,厚度为 20～40cm。

水泥浆砌条石或块石底板,适用于通过流速为 15m/s 以下的中小型水库溢洪道,厚度一般为 30～60cm。

石灰浆砌块石水泥砂浆勾缝底板,适用于通过流速为 10m/s 以下的中小型水库溢洪道,厚度为 30cm 左右。

许多管理机构总结了工程应用过程中的宝贵经验和教训,把在高速水流条件下确保底板结构安全的措施总结为四个主要方面,分别是"封、排、压、光"。"封"的要求是切断渗流,并采用防渗帷幕、齿墙、止水等方法来隔离渗流;"排"必须确保排水系统的完善,使未被拦截的渗水妥善排出;"压"是利用底板的自重压住浮托力和脉动压力,使其不会漂浮;"光"是要求底板的表面必须是光滑和平整的,要彻底清除施工过程中留下的钢筋头等不平整因素。这四个方面是相互补充、协同工作的。

底板在外界温度变化时会产生伸缩变形,需要做好伸缩缝,通常缝的间距为 10m 左右。土基上薄钢筋混凝土底板对温度变形敏感,缝间距应略小些;岩基上的底板因受地基约束,不能自由变形,只需预留施工缝即可。

坑深度大小对建筑物的基础稳定有直接影响。当冲坑继续扩大危及建筑物基础时,需及时加固处理。

三、溢洪道其他病害及处理

溢洪道除了要保证过水宽度足够宽和闸下防止冲刷外,还要检查有无裂缝损坏及对非常溢洪道的管理。

(一)溢洪道产生的裂缝

在溢洪道的运行过程中,需要仔细检查闸墩、底板、边墙、消力池和溢流堰等关键结构是否存在裂痕或损坏。底板上的裂痕,有的可能会因为水流在过水时渗入裂缝导致底板下浮力增强,从而使整个底板被冲走,因此,必须关注和及时处理此类问题。较大或快速扩展的裂缝往往潜藏着巨大危险,对此绝不能轻视,必须迅速采取措施加以处理;那些微小且不再进一步扩展的裂痕,尽管对安全的威胁较小,但仍需要及时进行修复,以防止内部的钢筋受到腐蚀。

(二)非常溢洪道的管理养护

为了确保大坝的稳固性,许多工程项目都以较大洪水或可能最大洪水作为非常运用的洪水评估标准。根据非常运用的洪水大小以及水库的技术和经济状况,因地制宜地确定保坝措施。保坝措施常会选择使用副坝作为非常溢洪道,或者采用天然的垭口作为非常溢洪道。

如果计划使用副坝作为非常溢洪道,让洪水漫顶自行冲开,就必须仔细检查副坝和地基的状况,确保在非常情况下能够自行冲开。但同时也要做好冲不开时人工爆破的准备,在汛前要准备好炸药和爆破器材。

如果选择在天然垭口上建设子堤或使用副坝作为非常溢洪道,在遇到特殊情况进行人工爆破时,通常需要确保炸药室状态良好,并在日常生活中注意保护,防止雨水渗入和野生动物的破坏,保证炸药室干燥。在日常生活中,需要特别关注并养护泥沙口上的子堤,确保其完整性。尤其在洪水季节,更需要加强防护,避免风浪对其造成破坏。在不进行溢洪操作的情况下,要保证堤坝不会因决口而倒塌,否则可能会引发灾害。

四、闸门及启闭设备的养护和修理

大中型水库和一些重要的小型水库,为了更好地进行控制运用,充分发挥工程效益和较高的泄水能力,常采用闸门来调节和控制水量。所以,对闸门和启闭机要经常养护和修理,以保证启闭灵活方便。

衡量闸门及启闭机养护工作好坏的标准包括动力保证、传动良好、润滑正常、制动可靠、操作灵活、结构牢固、启闭自如、支撑坚固、埋件耐久、封水不漏和清洁无锈等方面。

(一)闸门的养护

(1)要经常清理闸门上附着的水生物和杂草、污物等,防止钢材受到腐蚀,保持闸门清洁美观、运用灵活;防止门槽发生卡阻,门槽位置容易被石块或其他杂质卡住,导致闸门开度不足或关闭不严,所以需要经常使用竹篙或木杆进行探测,以便能够及时进行处理;在含有大量泥沙的河流中,浮体闸和橡胶坝经常面临泥沙淤积的问题,这会妨碍闸门的正常运作,这种情况需要使用高压水定期冲淤或采用机械手段进行清除。

(2)要保持门叶不锈不漏。想要预防门叶的变形、杆件的弯曲或断裂、焊缝的开裂以及气蚀等相关病害的发生,就需要确保闸门具备良好的防震和抗震性能。对原先刚度较低的闸门进行加固,从而调整其结构的自然振动频率,就能减少发生振动的可能性。若想避免闸门受到气蚀的影响,就需要修正边界形状,消除引水结构表面的不平整度,改变闸门底部的设计,确保水流的流线与边界紧密贴合,从而避免分离现象和产生负压。此外,还需要使用具有高抗腐蚀性能的材料,如已经出现气蚀的部位,应使用耐蚀材料进行修复或加固。

(3)对于支撑行走机构要避免滚轮锈死,并做好弧形闸门固定铰座的润滑工作。

(4)要保证在门叶和门槽之间的止水(水封)装置不漏水。要及时清理缠绕在止水上的杂草、冰凌或其他障碍物,松动锈蚀的螺栓要更换,要使止水表面光滑平整,防止橡胶止水老化,做好木止水的防腐处理等。

(5)对各种轮轨摩擦面采用涂油保护,预埋铁件要涂防锈漆,及时清理门槽的淤积堵塞,发现预埋件有松动、脱落、变形、锈蚀等现象要进行加固处理。

(二)启闭机的养护

(1)清扫电动机外壳的灰尘污物,轴承润滑油脂要足够并保持清洁,定子与转子之间的间隙要均匀,检查和量测电动机相间及各相对铁芯的绝缘电阻是否受潮,要注意保持干燥。

(2)电动机主要操作设备应保持清洁,接触良好,机械转动部件要灵活自如,接头要连接可靠,限位开关要经常检查调整,保险丝严禁用其他金属丝代替。

(3)启闭机润滑所用的油料要有所选择,高速滚动轴承需用润滑脂润滑。由钠皂与润滑脂制成的钠基润滑脂,熔点高,即使在温度达100℃时使用,仍可保证安全;钙基润滑脂由钙皂与矿物性油混合制成,它适用于水下及低速转动装置的润滑部件,如启闭机的起重机构,包括齿轮、滑动轴承、起重螺杆、弧形门支铰、闸门滚轮、滑轮组等;变速器、齿轮联轴节等封闭或半封闭的部件常采用润滑油进行润滑。

(三)闸门、启闭机械的维修

1.防腐

木制闸门必须做好防腐处理。其办法一般是采用涂油漆或用沥青浸煮,也可以采用其他防腐剂进行处理,如氟化钠、氟矽酸钠、氟矽酸铵等水溶防腐剂,以及蒽油、木馏油、煤焦油等防腐剂。

2.防锈

一般用以下方法来防止钢铁闸门锈蚀。

(1)油漆防锈。

这包含了除锈和涂漆两个步骤。除锈技术主要分为手工操作和机械操作两大类。手工除锈的过程涵盖了铲、敲、打磨和清洗这四个主要步骤。首先清除表面的锈迹,接着用手锤敲除底部的锈迹,然后用钢刷和砂布进行打磨以彻底去除锈迹,最后用清水冲洗干净,用布擦干,再用松节油擦拭后,立刻涂上油漆。机械除锈通过使用空气压缩机将砂粒喷射到闸门上,从而去除铁锈。在进行喷砂操作时,必须精确控制空气压缩机的压力,以及喷嘴与闸板之间的距离、角度和前进速度,防止漏喷或由于喷砂过度导致闸门损坏的情况发生。

涂漆通常使用红丹漆打底,银色沥青漆涂面,先涂底漆,再涂面漆。也可以使用沥青进行防锈处理,在涂抹沥青之前,应确保铁锈被清洗干净,然后用高温沥青液涂刷闸面。涂刷时,要确保厚度适中,防止出现花斑、漏刷、流淌、起皱等现象。特别是在铆钉、杆件和螺栓等接合交叉处,涂刷应更为精细,一般要求刷两遍。

(2)柏油水泥防锈。

柏油水泥防锈和油漆防锈一样,需要先彻底清除闸门上的铁锈,然后取适量的柏油进行加热,掺入 12％～15％ 的水泥(水泥越多,油料越稠;水泥越少,油料越稀)。持续加热后,向其中加入 5％ 的煤粉,并持续搅拌直至形成均匀的溶液。在开始涂抹之前,首先需要用火将闸门烤热,然后再将预先准备好的溶液均匀地涂抹在闸门上,涂抹的厚度约为 1mm。如果用红丹漆打底,效果会更好。柏油水泥的优势在于其抗冲和耐磨性能较好,耐盐性强,成本较低。在使用这种方法时,要注意闸门的加热温度不能过高,以避免产生变形。在进行加热之前,需要先将所有部件取下,最好是在夏期和秋期施工,以保证涂装质量。

(3)喷锌防锈。

先将锌丝在高温条件下熔化,然后利用压缩空气将熔化的锌吹成雾状微粒,并以较高速度喷射到预先处理好的闸门表面,从而形成镀锌层。在喷射的过程中,这些雾状微粒由于空气的冷却而进入半熔状态,当它们积累到闸门的表面时,会迅速发生变形,随后冷却收缩,最终紧密地固定在带有锚孔的闸门表面。根据熔化方法,金属喷镀通常可以划分为气态喷镀和电性喷镀两大类。气喷镀技术利用乙炔和其他可燃气体与氧气的混合燃烧作为热源;电喷镀利用电弧作为主要的电热源。水利工程项目中的钢闸门和其他类型的钢结构主要采用气喷镀。实践证明,钢闸门的镀锌处理在海水和工业废水的测试中,展现出了出色的防锈性能。

3. 防冰

北方严寒地区,冰冻对闸门危害很大。因此,冬季应做好闸门的防冰凌工作。

(1)在距闸门 2m 左右处,用锤、冰铲等工具经常打开冰层,防止冻结。

(2)为了保护闸门的正常运用,在冰层打开后,应及时清除闸门上的冰块,并经常活动闸门,一般可在提闸前采用热水淋浇闸槽或轻轻敲打闸门的办法,使冰块脱落。

(3)当流冰过闸时,在可能的情况下,应将闸门全部打开,以减轻壅冰及冰块对闸门的冲击磨损。

(4)较大闸门可采用空气压缩机,将空气打入冰层以下,使下部温水翻至表面,防止冰盖形成。

(5)当气候严寒、流冰严重时,应停止引水,以免渠道壅冰决口。

4. 防漏

防止闸门漏水,关键是做好防漏水设备的维护工作。止水设备一般置于闸底和两侧闸槽,既要确保其封闭好不漏水,又要做到摩擦力小以减轻启闭动力。闸底漏水处理的方法有两种:一种是在闸底部嵌砌木块,另一种是在闸底部装设橡皮止水带。后者比前者止水效果好。

闸门两侧防漏,大部分采用橡皮止水。橡皮硬度要适宜,且符合设计尺寸,安装时要注意质量和精度,平时要经常检查有无松动、损坏和丢失等现象。止水铁部件要注意防锈处理。

第五节　涵洞检查管理

在涵洞的使用过程中,如果由于设计、施工或使用不当导致洞壁出现裂缝,或者洞壁与坝体土料结合不良,水流就可能会穿透洞壁或在洞壁外缘形成渗流通道,这将影响水库的正常蓄水功能,甚至威胁到大坝的安全。因此，必须加大对坝内涵洞的维护和修复力度，以确保其能够安全运行。

一、涵洞的检查和养护

(一)运用前的检查

在水库蓄水过程中，不仅要检查洞身有无变形、裂缝，还要注意检查涵洞所在坝段有无裂缝，以及蓄水后坝的下游坡涵洞出口处周围有无潮湿和漏水现象。

(二)运用期间的检查

运用期间的检查主要包括以下几方面。

(1)输水期间，要经常注意观察和倾听洞内有无异常声响。如果听到洞内有咕咕咚咚阵发性的响声或轰隆隆的爆炸声，则说明洞内有明满流交替的情况，或者有些部位产生了气蚀现象。

(2)运用期间，要经常检查埋设涵洞的土坝上下游坝坡有无塌坑、裂缝、潮湿或漏水情况，并注意观察涵洞出流有无浑水。

(3)运用期间，要经常观察洞的出口流态是否正常，如泄量不变，观察水跃的位置有无变化，主流流向有无偏移，两侧有无旋涡等，以判断消能设备有无损坏。

(三)停水后的检查

输水后，隧洞和涵洞都需要接受检查。对于较大的洞，放水后需要有人进入洞内进行检查，查看洞壁是否存在裂痕或漏水，以及闸门槽附近是否有气蚀迹象。

在停水的时候，应注意检查洞内是否有水流出，并找出漏水的根本原因。对下游的消能建筑要检查有无冲刷和损坏。

(四)闸门启闭机械的检查养护

输水建筑物的闸门和启闭机械要经常进行检查养护，保证其完整和操作灵活。[1] 闸门启闭机械需要经常擦洗上油，以保持其润滑灵活。启闭动力设备要经常进行检查维修，以确保其工作可靠。同时，应配有备用

---

①李同春，牛志伟，潘世洋.土石坝安全风险评估理论与方法[M].南京：河海大学出版社，2020.

设备。

(五)过水能力的核算

输水洞投入运用后,需对其过水能力进行核算,对于无压输水洞更应进行检查,防止产生明满流交替现象。洞内水深不得超过洞高的 3/4,以保持具有自由表面的无压流态。

(六)其他检查养护工作

北方严寒季节,必须警惕库面冰冻可能对输水隧洞的进水塔带来的损害。目前,北方的许多水库都成功地采用了吹气防冰的策略,其中一些水库甚至自行设计了自动吹气机,这对进水塔防冰起到了很大的作用。位于地震区的水库,在遭遇五级或更高级别的地震之后,需要像大坝和溢洪道那样,对其输水洞进行全面检查。

二、涵洞的漏水处理

(一)隧洞断裂破坏的原因

隧洞比坝下涵洞安全可靠,所以养护修理任务较小。但如果在设计、施工及运用管理方面出现问题,就会引起断裂漏水事故。常见事故的原因有四个:一是隧洞周围岩石变形或不均匀沉陷;二是隧洞结构强度不够;三是洞内水流流态发生变化;四是施工质量差。

(二)涵洞断裂漏水处理的方法

1.隧洞衬砌及涵洞洞壁裂缝漏水的处理

(1)用水泥砂浆或环氧砂浆处理。

用水泥砂浆进行处理时,通常会在裂缝的位置凿深 2~3cm,并用钢钎对其周围的混凝土表面进行凿毛处理。接着,使用钢丝刷和毛刷清除混凝土的碎渣,并用清水彻底冲洗。最后,使用水泥砂浆或环氧砂浆进行封堵。如福建省亚湖水库采用环氧砂浆对输水涵洞的裂缝进行处理,取得了令人满意的成果。在处理过程中,首先需要将受漏水点侵蚀的灰土清除干净。待其完全干燥后,再涂上一层环氧基液。然后,将搓揉好的环氧砂浆材料填充到孔洞中,用木棒压实,并用木板支撑。当砂浆开始凝结(通常凝结时间为半小时)后,即可拆除模板。放水洞的气蚀部位也可以使用同样的方法进行。

(2)灌浆处理。

对于质量较差的隧洞衬砌和涵洞洞壁,都可以采用灌浆处理的方式。随着施工设备的改进和经验的积累,用灌浆方法处理输水洞病害变得日益普遍。灌浆用的材料种类持续增加,其效果也日益显著。对于因输水涵洞外壁与土坝坝体接触不良、填土不实或防渗垫层不密实导致的纵向渗漏问题,可以选择在洞内或坝上进行灌浆处理。灌浆时通常使用水泥浆,而对于输水涵洞外壁的渗水问题,可以使用灌泥浆或黏土水泥浆进行处理。大型隧洞和涵洞要求使用高强度的灌浆补强,可用环氧水泥浆液。

2.输水隧洞的喷锚支护

使用喷射混凝土和锚杆进行支护的技术被称作喷锚支护。输水隧洞在无衬砌段的加固或衬砌损坏的补强,都可以考虑使用该方法。喷锚支护具有与洞室围岩黏结力高,能提高围岩整体稳定性和承载能力,节约投资,加快施工进度等优点。在国内,部分输水隧洞在采用了喷锚支护后,显著地减少了人力、钢材和木材的消耗,进而有效地缩短了建设时间。

喷锚支护可以分为喷混凝土、喷混凝土加锚杆联合支护、喷混凝土加锚杆加钢筋网联合支护等类型。

3.输水涵洞断裂的灌浆处理

对于因不均匀沉陷而产生的洞身断裂,一般要等沉陷趋于稳定,或加固地基后断裂不再发展时进行处理。为保证工程安全,可以提前灌浆处理。灌浆以后,如继续断裂,再进行灌浆。

4.输水洞内衬砌补强处理

当输水洞内因材料强度不足导致裂缝或断裂时,可以考虑使用衬砌补强进行处理。补强处理的常见方法有两种:一种是用钢管、钢筋混凝土管、钢丝网水泥管等制成的成品管与原洞壁之间填充水泥砂浆或埋骨料灌浆而成;另一种是在洞内现场浇筑混凝土、浆砌块石、浆砌混凝土预制块或支架钢丝网喷水泥砂浆等。不管选择哪种处理方式,都需要清除黏附在洞壁上的杂质和沉淀物,然后对洞壁进行凿毛和湿润处理,以确保新旧管壁能够良好结合。

5.用顶管法重建坝下涵洞

有些坝下涵洞直径相对较小,不能进行加固,因此只能废弃旧洞,建造新洞。顶管法是在坝的下游使用千斤顶将预制的混凝土管推进坝体,直至达到预定的位置,接着在上游的坝坡进行挖掘,并在管道的上游部分建造进口建筑物。使用顶管法重建涵洞,极大地减少了挖掘和回填的土石数量,节约了钢材、水泥和投资,也节省了人力并缩短了工期。

三、涵洞的冲刷处理

在洞内水流速度较快的情况下,出口位置必须采用防冲消能措施。输水隧洞,特别是与泄水兼用的隧洞,其出口消能方式与河岸溢洪道的出口消能相似,经常采用挑流消能和底流消能。当放水涵洞的出口流速超过 6m/s 时,也适合使用消能设备,如挖掘消力池、消力墙等。当输水洞的出口宽度相对较小时,必须设立一个扩散段来分散水流,从而减小出口处的单宽流量。

无论在国内还是国外,泄水隧洞的出口位置经常使用逆坡式消力池作为消能手段。这种消能装置配备了一个不太长的静水池,并在池的尾部设有挑流鼻坎。当宣泄流量小于设计流量时,池内会形成底流水跃;而当流量超出了预定的设计界限,水就会从池中流出,产生挑流现象。这种方法确保在流量较小的情况下仍然可以在水池中消量,避免挑射不起或挑射不远,以致水流能量冲刷鼻坎末端地基,从而影响鼻坎的稳固性。

对于消力池或海漫的破坏可采取增建第二级消力池、加强海漫长度与抗冲能力、改建为挑流消能形式等措施进行加固和修复。

第六节　水库的泥沙淤积及防沙措施

一、水库泥沙淤积的成因及危害

(一)水库泥沙淤积的成因

河流中携带的泥沙,按其在水中的运动方式,通常可以分为悬移质泥沙、推移质泥沙和河床质泥沙。这些泥沙可能会随着河床水力条件的变化或随水流运动，或在河床上沉积。

在河流上建设水库后，泥沙会随着水流进入水库，由于水流状态的变化，泥沙会在库内沉积，形成水库淤积。水库的淤积速率与河流中的沙粒含量、水库的运作方式以及水库的形态等多种因素息息相关。

(二)水库泥沙淤积的危害

水库的淤积不仅会影响水库的综合效益，还会对水库上下游地区造成严重的后果。具体表现如下：

(1)由于水库淤积，库容减小，水库的调节能力也随之降低，从而降低甚至丧失防洪能力。

(2)加大了水库的淹没和浸没范围。

(3)使有效库容减小，降低了水的综合效益。

(4)泥沙在库内淤积，使其下泄水流含沙量减小，从而引起河床冲刷。

(5)上游水流挟带的重金属有害成分淤积库中，会造成库中水质恶化。

二、水库泥沙淤积与冲刷

(一)淤积类型

当水流入库时，因库内水的影响不同，可能会呈现出不同的流态形式：一种是壅水流态，即入库水流由回水端到坝前的流速将沿程减小，形成壅水状态；另一种是均匀流态，也就是在挡水坝不产生壅水效果的情况下，库区内的水面线与自然河道处于同一流态。均匀流态下，水流的输沙状况与天然河道相同，称为均匀明流输沙流态。在均匀明流输沙的条件下，所发生的沿程淤积称作沿程淤积；当处于壅水明流输沙的状态时，沿途的淤积现象称作壅水淤积。对于含沙量较大且细颗粒较多的水段，进入壅水段后潜入清水下沿着库底继续运动的水流称为异重流，而在此期间发生的沿程淤积则称为异重流淤积。在异重流行至坝前但无法从库中排出库外时，浑水会在坝前的清水下积累，从而形成浑水水库。在壅水明流输沙流态中，如果水库的下泄流量小于来水量，那么水库将继续壅水，流速会继续减小,逐步接近静水状态。此时,未排出库外的浑水会在坝前滞蓄,从而形成浑水水库。在浑水水库中,泥沙的淤积称为浑水水库淤积。

(二)水库中泥沙淤积形态

泥沙在水库中淤积呈现出不同的形体(纵剖面及横剖面的形状)。纵向淤积有三种,即三角洲淤积、带状淤积和锥体淤积。

1.三角洲淤积

泥沙淤积体的纵剖面呈三角形的淤积形态,称为三角洲淤积,一般从回水末端至坝前呈三角状,多发生于水位较稳定,长期处于高水位运行的水库中。按淤积特征可分为四个区段,即三角尾部段、三角顶坡段、三角前坡段、坝前淤积段。

2.带状淤积

淤积物均匀地分布在库区回水段上,多发生于水库水位呈周期性变化,变幅较大,而水库来沙不多、颗粒较细,水流流速又较高的情况下。

3.锥体淤积

在坝前形成淤积面接近水平为一条直线,形似锥体的淤积,多发生于水库水位不高、壅水段较短、底坡较大、水流流速较高的情况下。

影响淤积形态的因素有水库的运行方式、库区的地形条件和干支流入库的水沙情况等。

(三)水库的冲刷

水库库区的冲刷分溯源冲刷、沿程冲刷和壅水冲刷三种。

1.溯源冲刷

当水库的水位下降到三角洲顶点以下时,三角洲的顶点处会出现降水曲线,此时水面比降变陡,流速也会加快,水流携沙能力会增大,自三角顶点开始,从下游到上游会逐步发生冲刷,这种冲刷称为溯源冲刷。溯源冲刷可以分为三种不同的形态:辐射状冲刷、层状冲刷和跌落状冲刷。当水库的水位在较短的时间段内降至特定高度并保持稳定,或者在释放水库时,可能会出现辐射式的冲刷现象;在冲刷的过程中,如果水库的水位不断降低并持续时间较长,那么会产生层状冲刷现象;当淤积形成较为紧密的黏性涂层时,可能会出现跌落状冲刷现象。

2.沿程冲刷

在不受水库水位变化影响的情况下,由于来水来沙条件改变而引起的河床冲刷,称为沿程冲刷。当库水来水较多,而原来的河床形态及其组成与水流挟沙能力不相适应时,便会发生沿程冲刷。它是从上游向下游发展的,且冲刷强度较低。

3.壅水冲刷

在水库水位较高的情况下,开启底孔闸门泄水时,底孔周围淤积的泥沙随同水流一起被底孔排出孔外,在底孔前逐渐形成一个最终稳定的冲刷漏斗,这种冲刷称为壅水冲刷。壅水冲刷局限于底孔前,且与淤积物的状态有关。

三、水库淤积防沙措施

水库淤积的根本成因是水库水域水土流失致使水流挟沙,并将其带入水库内,最终形成淤积。所以根本的措施是改善水库水域的环境,加强水土保持。除此之外,对水库进行合理的运行调度也是减轻和消除淤积的有效方法。[①]

(一)减淤排沙方式

减淤排沙有两种方式:一种是利用水库水流状态来实现排沙,另一种是借用辅助手段清除已产生的淤积。

1.利用水流状态作用的排沙方式

(1)异重流排沙。

在蓄水运用中,当库水位、流速、含沙量符合一定条件(一般是水深较大、流速较小、含沙量较大)时,多沙河流上的水库库区内将产生含沙量集中的异重流,若在此时开启底孔等泄水设备,就能达到较好的排沙效果。

(2)泄洪排沙。

在汛期遭遇洪水时,库水位壅高,将造成库区泥沙落淤。在不影响防

---

①潘晓坤,宋辉,于鹏坤.水利工程管理与水资源建设[M].长春:吉林人民出版社,2022.

洪安全的前提下,及时加大泄流量,尽量减少洪水在库内的滞洪时间,也能达到减淤的效果。

(3)冲刷排沙。

冲刷排沙是指水库在敞泄或泄空过程中,使水库水流形成冲刷条件,将库内泥沙冲起排出库外。冲刷排沙有沿程冲刷和溯源冲刷两种方法。

2.辅助清淤措施

对于淤积问题较为严重的中小型水库,可以考虑使用人工、机械工具或其他工程设备作为水库清淤工作的补充措施。机械设备的清淤工作是通过安装在浮船上的排沙泵来吸取库底的淤积物,然后通过浮管将其排出库外;还可以利用安装在浮船上的虹吸管,在泄洪过程中利用虹吸效应吸取库底的淤积泥沙,然后排放到下游。清淤工程设施是指在某些小型的多沙水库中,使用高渠拉沙的方法,即在水库周围的高地上设置引水渠,当水库水位下降时,利用引渠水流对水库周围的滩地造成强烈的冲刷和滑塌,从而使泥沙沿着主槽的水流被排出水库,恢复已经损失的滩地库容。

(二)水沙调度方式

上述的减淤排沙措施应与水库的合理调度配合运用。在多泥沙河道的水库上将防洪兴利调度与排沙措施结合运用,就是水沙调度。水沙调度包括以下几种方式。

1.蓄水拦洪集中排沙

蓄水拦洪集中排沙,也称为水库泥沙的多年调节方式,是指水库根据防洪和兴利要求的常用方式进行拦洪和蓄水操作。待一段时间后,再选择合适的时机泄水放空水库,利用溯源冲刷和沿程冲刷相结合的方法清除多年积累的淤积物,从而使水库的防洪和兴利功能得到完全或大部分的恢复。在水库的蓄水运用时期,还可以采用异重流的排沙方法,这种方法特别适合河床比降大、滩地库容所占比重小、调节性能好以及综合利用要求高的水库。

2.蓄清排浑

蓄清排浑又称泥沙的年调节方式,即汛期(丰沙期)降低水位运用,以利排沙,汛后(少沙期)蓄水兴利。利用每年汛初有利的水沙条件,采用溯源冲刷和沿程冲刷相结合的方式,清除蓄水期的淤积,做到当年基本恢复原来的防洪和兴利库容。

3.泄洪排沙

泄洪排沙是指在汛期时水库打开泄洪通道,汛后根据有利的排沙水位来确定正常的蓄水位,并根据天然流量进行供水。这样的操作模式有助于防止水库的大规模淤积,并能在短时间内实现冲淤平衡,但其整体效益可能会受到一定的制约。

对于主要在防洪季节进行灌溉的水库,鉴于水库的核心职责与其排沙功能并不冲突,因此可以选择泄洪排沙或蓄清排浑的方法;对于沙量较小且主要用于发电的水库,可以选择采用拦洪蓄水和蓄清排浑交替使用的策略。

第五章　水库大坝边坡安全监测技术

　　水库坝坡、泄水建筑物、输水建筑物进出口边坡、库区岸坡等都属于水库大坝边坡。

　　水库大坝边坡安全监测是发现边坡潜在隐患、降低滑坡风险、减少事故的重要手段。水库大坝滑坡灾害的诱发因素复杂，但通常情况下，大多是未能及时获取边坡岩土体和边坡基础的实际状况，在降雨和水库水位变化等因素影响下导致的。大部分水库大坝的滑坡过程都不是瞬时发生的，而是缓慢地从量变逐渐达到质变。潜在滑坡体内部往往存在先天缺陷，这些缺陷或是未能在勘察过程中被发现，或是在设计或施工方面存在不足，从而造成安全隐患。通过地勘、现场检查、监测、分析、评价等方式，能及时了解和掌握边坡及周围环境变化，发现水库大坝滑坡的病险隐患征兆，从而采取有效处理措施。因此，对边坡及其周边结构进行监测是保证边坡稳定、发现滑坡隐患的重要手段。

第一节　水库大坝滑坡隐患巡视检查

　　水库大坝滑坡隐患具有全面性、及时性和直观性等特点，因此巡视检查是仪器监测所不能代替的，同时也是安全监测中的首要工作。

一、巡视检查分类和基本要求

　　(1)巡视检查分为日常巡视检查、年度巡视检查和特别巡视检查三类。工程施工期、初蓄期和运行期均应进行巡视检查。

　　(2)巡视检查应根据工程的具体情况和特点，制定切实可行的检查制度。巡视的时间、部位、内容和方法，以及路线和顺序，均应由经验丰富的技术人员负责规定。

(3)针对不同工程类别,日常巡视检查的频次应不同。当遇特殊情况和工程出现不安全征兆时,应增加巡查频次。[①]

(4)年度巡视检查应在每年的汛前、汛后、冰冻较严重地区的冰冻期和融冰期,按规定的检查项目,对水库大坝边坡进行全面或专门的巡视检查。检查次数每年不应少于两次。

(5)特别巡视检查应在坝区遇到大洪水、大暴雨、有感地震、水库水位骤变、高水位运行以及其他影响水库大坝安全运行的特殊情况时进行,必要时应组织专人对可能出现险情的部位进行连续监视。

二、巡视检查项目和内容

(一)水库大坝边坡巡视检查

(1)坡顶有无裂缝、异常变形等现象;如有防浪墙,应检查墙体有无开裂、挤碎、架空、错断、倾斜等情况。

(2)迎水坡护面或护坡是否损坏;有无裂缝、剥落、滑动、隆起、塌坑、冲刷等现象;近坝坡的水面有无冒泡、变浑等异常现象。块石护坡有无块石翻起、松动、塌陷、垫层流失、架空或风化变质等损坏现象。

(3)背水坡及坝趾有无裂缝、剥落、滑动、隆起、冒水、渗水坑或流土、管涌等现象;表面排水系统是否通畅,有无裂缝或损坏;滤水坝趾、减压井(或沟)等导渗降压设施有无异常或破坏现象;排水反滤设施是否堵塞和排水不畅,渗水有无骤增骤减和发生浑浊现象。

(二)基础和周边巡视检查

(1)基础排水设施的工况是否正常;渗漏水的水量、颜色、气味及浑浊度、酸碱度、温度有无变化。

(2)坝坡与岸坡连接处有无错动、开裂及渗水等情况;两岸坝端边坡有无裂缝、滑动、滑坡、崩塌、溶蚀、隆起、塌坑、异常渗水等。

---

①陆一忠.水库精细化管理[M].南京:河海大学出版社,2020.

（3）下游坝坡、坝址近区有无阴湿、渗水、管涌、流土或隆起等现象；排水设施是否完好。

（4）两端岸坡有无裂缝、塌滑迹象；护坡有无隆起、塌陷或其他损坏情况；下游岸坡地下水露头及绕坝渗流是否正常。

（5）有条件时应检查上游铺盖有无裂缝、塌坑。

（三）穿过坝坡的输泄水洞（管）巡视检查

（1）引水段有无堵塞、淤积、崩塌。

（2）进水口边坡坡面有无新裂缝、塌滑发生，原有裂缝有无扩大、延伸；地表有无隆起或下陷；排（截）水沟是否通畅、排水孔工作是否正常；有无新的地下水露头，渗水量有无变化。

（3）进水塔（或竖井）混凝土有无裂缝、渗水、空蚀或其他损坏现象；塔体有无倾斜或不均匀沉降。

（4）洞（管）身有无裂缝、坍塌、鼓起、渗水、空蚀等现象；原有裂（接）缝有无扩大、延伸；放水时洞内声音是否正常。

（5）工作桥是否有不均匀沉陷、裂缝、断裂等现象。

（四）坐落在坝肩岸坡的溢洪道巡视检查

（1）进水段（引渠）有无坍塌、崩岸、淤堵或其他阻水现象；流态是否正常。

（2）堰顶或闸室、闸墩、胸墙、边墙、溢流面、底板有无裂缝、渗水、剥落、冲刷、磨损、空蚀等现象；伸缩缝、排水孔是否完好。

（五）近坝岸坡检查

（1）岸坡有无冲刷、开裂、崩塌及滑移迹象。

（2）岸坡护面及支护结构有无变形、裂缝及位错。

（3）岸坡地下水露头有无异常，表面排水设施和排水孔工作是否正常。

三、巡视检查方法

常规检查方法主要为眼看、耳听、手摸、鼻嗅、脚踩等直观方法，也可以用锤、钎、钢卷尺、放大镜、石蕊试纸等简单工具器材,对工程表面和异常现象进行检查。对于安装了视频监控系统的土石坝,则可利用视频图像辅助检查。检查应符合以下要求。

(1)日常巡视检查人员应相对稳定,检查时应带好必要的辅助工具和记录笔、簿以及照相机、录像机等影像设备。

(2)汛期高水位情况下对大坝表面(包括坝脚、镇压层)进行巡查时,宜由数人列队进行拉网式检查,防止疏漏。

四、巡视检查的记录和报告

(1)每次巡视检查均应做好详细的现场记录。如发现异常情况,除应详细记述时间、部位、险情和绘出草图外,必要时还应测图、摄影或录像。对于有可疑迹象部位的记录,应在现场就地对其进行校对,确定无误后才能离开现场。

(2)日常巡视检查中发现异常现象时,应分析原因,及时上报主管部门。

(3)各种巡视检查的记录、图件,以及报告的纸质文档和电子文档等均应整理归档。

第二节　水库大坝边坡监测基本要求

一、监测的类型

采用仪器对水库大坝边坡进行监测,按监测物理量类型可分为两大类,其一为环境量,它是边坡滑坡的影响因素;其二为效应量,如边坡变形、边坡内部渗流、应力应变数据,它是边坡滑坡的响应变化信息。边坡的环境量主要包括:降雨、径流、水位等;效应量主要按照监测项目划分,常规监测项目有:变形监测、渗流渗压监测、应力应变监测等。此外,对边坡工程还有专项监测,例如,变形控制网监测、地应力监测、水质监测、振动爆破监测等。

(一)环境量监测

降雨、径流、水位(江河水位)是对水库大坝边坡产生作用的外在因素。降雨量是引起边坡水位上升的主要原因,而降雨历时、降雨强度等也对边坡材料的弱化及受力平衡有重要影响。因此,降雨、径流及水位等是不可忽视的因素,应建立有效的监测手段。为了解水库大坝边坡上下游水位、雨量等环境量的变化,分析其对边坡变形、渗流等工程形态的影响,就需要对水库大坝的环境量进行监测。环境量监测包括上下游水位、降雨量等。

(1)上下游水位监测应根据水文监测的有关规范和监测手册在水库大坝上下游选择合适的监测点。水位监测最直观的测读装置是水尺。此外,遥测水位计,包括浮子式、传感器式都能应用于江河、湖泊、水库等的水位测量。

(2)降雨量监测应根据水雨情监测的有关规范和监测手册在坝址区设雨量站,并按规定进行监测。降雨量的测量方式包括用雨量器直接测定,以及用天气雷达、卫星云图估算降水的间接方法。径流监测既可采用水面线监测方法,通过水位高度计算流量,也可采用流速监测方法,结合断面尺寸获得流量数据。

(二)变形监测

(1)表面变形:为了解水库大坝边坡在运行过程中是否稳定和安全,应对其进行变形监测,以掌握它的变形规律,进而分析其是否存在裂缝、滑坡、滑动和倾覆等异常变化趋势。表面变形包括竖向位移和水平位移。

(2)内部变形:内部变形包括竖向位移和分层水平位移。

(3)坝基变形:为了解大坝在自重和水压力作用下的变形情况,需对坝基进行变形监测。

(4)裂缝及接缝:水工建筑物在设计和施工中均留有一些接缝,如混凝土面板的接缝和周边缝等。

(5)混凝土面板变形:对于边坡上覆盖有混凝土面板的边坡,需进行变形监测。混凝土面板的变形监测包括面板的表面位移、挠度、接缝和裂缝等。

（6）岸坡位移：对于危及大坝、输泄水建筑物及附属设施安全和运行的库岸滑坡体应进行监测，以监视其发展趋势，必要时需采取处理措施。岸坡位移监测的内容主要包括表面位移、裂缝及深层位移等。

（三）渗流监测

渗流监测是指对在上下游水位差作用下所产生的水库大坝边坡内部渗流场的监测，其中还包括渗流压力、渗流量的监测。渗流监测主要包括边坡渗流、基础渗流、库岸绕渗和坝后渗流量监测等。[①]

（1）边坡渗流：坝体渗流监测是为了掌握坝体浸润面的变化情况，如果高于设计值，就可能造成滑坡失稳。

（2）基础渗流：坝基渗流监测可以检验有无管涌、流土及接触面的渗流破坏，判断大坝防渗设施的效果。

（3）库岸绕渗：绕渗除影响两岸山体边坡本身的安全外，对大坝边坡和基础的渗流也可能产生不利影响，如抬高岸坡部分坝体的浸润面或使坝基的渗流压力增大，在坝体与岸坡或混凝土建筑物的接触面上可能产生接触渗透破坏等。

（4）渗流量：渗流量的变化能直观、全面地反映坝的工作状态，据以分析水库大坝边坡的安全性，所以渗流量一般是必测项目。

渗流压力一般采用测压管和埋设渗压计的方法进行监测。渗流量一般采用量水堰进行监测，且宜分区进行。根据具体情况，当流量为 $1\sim70L/s$ 时，可采用三角堰；当流量为 $10\sim300L/s$ 时，可选用梯形堰；当流量大于 $50L/s$ 时，可采用矩形堰。

（四）应力应变监测

应力应变监测包括锚杆应力、锚固力、钢筋应力、混凝土应力应变、界面压力监测等。对边坡治理中采用的预应力锚杆（索），应布置锚杆（索）

[①]王润英，周永红，方卫华，等.碾压混凝土坝渗流机制及预警指标研究[M].南京：河海大学出版社，2022.

测力计监测。边坡治理中采用了抗滑桩、抗剪洞塞与锚固洞、挡土墙等加固措施时,应对加固效果进行相应的钢筋应力、混凝土应力应变、界面压力监测。

二、监测断面要求

通常根据监测需求进行监测设计,在需要监测的边坡不同部位,预先埋设或安装监测仪器和监测设施,并按照规定的监测频次进行量测,获取能够反映大坝边坡及临近结构运行性态变化的监测数据。监测仪器及设施应重点布置在边坡地质条件或结构形式相对薄弱的部位、对边坡安全分析具有代表性的部位或存在加固措施的工程断面,这样做能够反映边坡变形动态和加固结构的受力特点,且能将表面和内部监测相结合,构成一个立体监测系统。监测断面应该与勘探剖面相结合,根据规范要求,1级边坡应结合规模和地质条件布置监测断面,2级、3级边坡不应少于1个监测断面,且应与潜在滑动面的滑移方向或地下水渗流方向综合起来考虑。断面通常分为关键部位或断面、重要部位或断面、一般部位或断面。

三、监测频次要求

边坡及滑坡的安全监测频次可参考土石坝监测频次,根据监测类别及不同时期的要求进行设定,同时还应按照工程实际运行情况进行增减,如在水位骤变情况下应当加密监测。

第三节 水库大坝边坡监测技术

一、环境量监测

降雨的空间分布具有显著的地域性,降雨量虽然与高程有一定的相关性,但不同的地区高程与降雨量的关系也不同,而且影响降雨的因素并不是单一的,大气环流、水汽含量、山脉、气温、太阳辐射、地形的陡缓等对降雨量也有很大的影响。

(一)降雨量监测

1. 一般监测点布置

降雨量监测场地面积一般应不小于 4m×4m,并避开强风区,其周围需空旷、平坦,不受突变地形、树木和建筑物以及烟尘的影响,确保在该场地上监测的降雨量能代表水平地面上的水深。

在山区,监测场不宜设在陡坡上或峡谷内,而要选择相对平坦的场地,使仪器器口至山顶的仰角不大于 30°。难以找到符合上述要求的监测场时,条件可酌情放宽,即障碍物与监测仪器的距离不得少于障碍物与仪器器口高差的 2 倍,且应力求在比较开阔和风力较弱的地点设置监测场,或设立杆式雨量器(计)。如在有障碍物处设立杆式雨量器(计),应将仪器设置在当地雨期常年盛行风向过障碍物的侧风区,杆位离开障碍物边缘的距离至少为障碍物高度的 1.5 倍。地处多风的高山、出山口、近海岸地区的雨量站,不宜设置杆式雨量器(计)。

2. 不同高程监测点布置

山洪易发区的降雨量与高程有一定的相关性,不同地区高程与降雨量的关系各异,而且大气环流、水汽含量、山脉、气温、太阳辐射、地形的陡缓等对降雨量的影响也很大。因此,山洪易发区降雨量监测点的布置应该考虑高程与降雨量的关系,依据本地区生活条件、设站目的、地形等条件予以确定,同时根据实际需要考虑降雨量监测布置的测点数。

3. 降雨量监测仪器

降雨量主要采用雨量器或雨量计来监测。我国使用的监测降雨量的仪器有雨量器、虹吸式雨量计和翻斗式雨量计。目前普遍使用的是翻斗式雨量计,其承雨器口内径为 200mm,允许误差为 0~0.6mm,呈内直外斜的刀刃形,刀口锐角为 40°~45°。

翻斗式雨量计结构简单、性能可靠,且能把降雨量转换成电信号,便于自动采集数据,现已广泛应用于水文自动测报系统和雨量固态存储系统等自动化采集系统中。

(二)水位监测

水位监测分为水库水位监测和河道控制断面水位监测。

1.测站设置

水位站的站址选择应同时满足监测目的和监测精度的要求。水位监测的断面宜选在岸坡稳定、水位具有代表性的地点,其水准基面应与水工建筑物的水准基面一致。

(1)上游(水库)水位监测。

水位监测站应设在水面平稳、受风浪和泄流影响较小、便于安装设备和监测的地点,一般将其设置在岸坡稳固处或永久性建筑物上,该地点应能代表坝前的平稳水位。

(2)河道控制断面水位监测。

河道控制断面水位监测站应与测流断面统一布置,一般选择在水流平顺、受泄流影响较小、便于安装设备和监测的地点。[①]

2.监测方法

根据水位测点的地形、水流条件等,水位监测一般可采用水尺、浮子式水位计、压力式水位计和雷达式水位计等方式。

(1)水尺。

每个水位测点都必须设置水尺进行水位监测,即使采用其他水位监测方式,也应设置水尺,因为它是水位测量基准值的来源,并且能够定期进行比对和校测。

水尺根据安装使用方式的不同,可分为直立式水尺、倾斜式水尺和矮桩式水尺。

水尺设置完成后,必须对其统一编号,且各种编号的排列顺序应为组号、脚号、支号、支号辅助号。水尺编号应标在直立式水尺的靠桩上部、矮

---

①丁亮,谢琳琳,卢超.水利工程建设与施工技术[M].长春:吉林科学技术出版社,2022.

桩式水尺的桩顶上部或倾斜式水尺的斜面上部的明显位置。

（2）浮子式水位计。

浮子式水位计具有简单可靠、精度高、易于维护等特点。浮子式水位计用浮子感应水位，浮子能够漂浮在水位井内，且随着水位的升降而升降。浮子上的悬索绕过水位轮悬挂一平衡锤，由平衡锤自动控制悬索的位移和张紧。悬索在水位升降时带动水位轮旋转，从而将水位的升降转换为水位轮的旋转，使得直线位移量能够准确地转换为相应的数字量。浮子式水位计可以用于能建水位井的所有水位监测点，且必须安装在水位井内。浮子式水位计适用于泥沙淤积小、测井内不结冰、无干扰的环境条件下。

（3）压力式水位计。

压力式水位计的优点是安装方便，无须建造水位测井。压力式水位计按压力传递方式分为投入式水位计和气泡式水位计。投入式水位计是将压力传感器直接安装于水下，通过通气电缆将信号引至测量仪表；气泡式水位计是通过一根气管向水下的固定测点吹气，使吹气管内的气体压力和测点的静水压力平衡，并通过测量吹气管内压力实现水位的测量，其传感器通常置于水面以上。

（4）雷达式水位计。

雷达式水位计的传感器能够发出短微波脉冲，随后接收从水面反射回来的信号，并将信号转化为传感器到水面的距离，接着用传感器的安装高程减去这个距离便可得到水位。

（三）流量监测

1. 监测布置

流量监测的断面应选择断面稳定、水流顺直的河段，必要时还应对测流断面进行人工处理，如修直河道、建设宽顶堰等。

2. 监测方法

（1）转子式流速仪法。

转子式流速仪是水文测验中使用最广泛的常规测量仪器。转子式流速仪由旋转、发讯、身架、尾翼和悬挂等部件组成。转子式流速仪是根据水流对转子的动量传递进行工作的,它能够将水流直线运动能量通过转子转换成转矩。在一定的流速范围内,流速仪转子的转速与水流速度呈近似的线性关系,即

$$v=Kn+C$$

式中　　v——水流流速,m/s;

　　　　n——流速仪转子的转率,r/s;

　　　　K 和 C——常数,通过流速仪检定水槽得到。

(2)量水建筑物测流法。

量水建筑物测流法的测验河段应选择顺直平缓河段,使水流处于缓流状态。顺直河段长度一般应不小于过水断面总宽的 3 倍,当堰闸宽度小于 5m 时,顺直河段长度应不小于最大水头的 5 倍。行近槽段内应确保水流平顺,河槽断面规则,断面内流速分布对称且均匀,河床和岸边无乱石、土堆、水草等阻水物。当天然河道达不到以上要求时,必须进行人工整治使其符合量水建筑物测流的水力条件,同时应避开陡峻、水流湍急的河段。

二、边坡表面变形监测

常见的边坡变形破坏主要有松弛张裂、蠕动变形、崩塌、滑坡等主要类型,除此之外边坡的塌滑、错落、倾倒等也时有发生。在边坡的破坏形式中,滑坡是分布最广、危害最大的一种。滑坡是指边坡土体在重力作用下沿贯通的剪切破坏面发生滑动破坏的现象,它在坚硬或松软岩层、陡倾或缓倾岩层以及陡坡或缓坡地形中均可发生。

水库大坝边坡的滑坡破坏会使边坡表面和内部均出现变形变化。变形监测是了解水库大坝边坡变形形态、察觉征兆异常的重要手段。变形监测主要包括边坡表面变形与内部变形。在传统监测仪器的基础上,近年来还涌现出大量应用新技术、新方法的边坡变形监测手段。

(一)表面变形监测的基本要求

(1)变形监测用的平面坐标及水准高程应与设计、施工和运行等阶段

的控制网坐标系统相一致。

（2）表面竖向位移及水平位移监测一般应共用一个测点。深层竖向及水平位移监测应尽量与表面位移结合布置，并应配合进行监测。

（3）建筑物上各类测点应和建筑物牢固结合，并能代表建筑物变形。测点应有可靠的保护装置。

（4）监测基点应设在稳定区域内，需埋设在新鲜或微风化基岩上，以保证基点稳固可靠，同时基点应配有可靠的保护装置。

（5）变形监测的正负号应遵守以下规定。

第一，水平位移：向下游为正，向左岸为正，反之为负；岸坡向河床变形为正，向两岸变形为负。

第二，竖向位移：向下为正，向上为负。

第三，裂缝和接缝三向位移：对开合，张开为正，闭合为负；对滑移，向坡下为正，向左为正，反之为负。

第四，倾斜：向下游转动为正，向左岸转动为正，反之为负。

（6）监测测次应满足土石坝安全监测技术的相关规定。

（二）变形测点的布置

为了解水库大坝边坡不同时期的稳定和安全情况，应对其进行表面变形监测，以掌握它的变形规律，研究有无裂缝、滑坡、滑动和倾覆等趋势。表面变形包括竖向变形和水平变形。水平变形通常按照边坡土体下滑力作用方向，分为顺滑移方向和垂直滑移方向。

1. 土石坝表面变形监测设计

（1）监测纵断面。

土石坝表面变形监测的监测纵断面一般不少于 4 个，通常在上游坝坡正常蓄水位以上布设 1 个（一般在正常蓄水位以上 1m 处），坝顶布设 1 个（一般布置在下游坝肩，切不可布置在防浪墙上），下游坝坡半坝高以上布设 1～3 个，半坝高以下布设 1～2 个（含坡脚 1 个）。对于软基上的土石坝，还应在下游坝址外侧增设 1～2 个，其具体位置应根据坝坡抗滑稳定计算的结果确定。

（2）监测横断面。

土石坝表面变形监测的监测横断面一般布置在最大坝高处、原河床处、合龙段、地形突变处、地质条件复杂处、坝内埋管或水库运行时可能发生异常处。

坝长小于 300m 时，监测横断面的间距宜为 20～50m；坝长大于 300m 时，监测横断面的间距宜为 50～100m。一般监测横断面的数量应不少于 3 个，且对于"V"形河谷中的高坝和两坝端，以及坝基地形变化陡峻的坝段，应适当进行加密。

（3）监测点。

每个监测横断面和纵断面交点处应布设表面变形监测点。

（4）工作基点和校核基点。

工作基点应在每一纵排测点两端岸坡的延长线上布设，其高程宜与测点高程相近。

采用视准线法进行横向水平位移监测时，应在两岸每一纵排测点的延长线上各布设一个工作基点；当坝轴线为折线或坝长超过 500m 时，可在坝身每一纵排测点中增设工作基点（可用测点代替），工作基点的距离保持在 250m 左右；当坝长超过 1000m 时，一般可用三角网法监测增设工作基点的水平位移，有条件的，宜用测边网、测边测角网法或倒锤线法进行监测。

水准基点一般在土石坝下游 1～3km 处布设 2～3 个。

采用视准线法监测的校核基点，应在两岸同排工作基点连线的延长线上各设 1～2 个。

2.近坝区岩体及滑坡体变形监测设计

（1）近坝区岩体监测点。

在两岸坝肩附近的近坝区山体垂直于坝轴线方向应各布设 1～2 个监测横断面，每个横断面上布设 3～4 个监测点。一般在坝轴线或上游布设 1 个监测点，下游则布设 2～3 个。

（2）滑坡体监测点。

在滑坡体顺滑移方向应布设 1～3 个监测断面，每个监测断面上布设不少于 3 个监测点。这些监测点一般布设在滑坡体后缘至正常蓄水位之间。

（3）工作基点和校核基点。

工作基点和校核基点可设在监测点附近的稳定岩体上。

3. 监测设施及其安装

（1）监测设施。

监测点和基点的结构必须坚固可靠，且不易变形，并力求美观大方、协调实用。测点可采用柱式或墩式结构，其立柱应高出坝面 0.6～1.0m，立柱顶部应设有强制对中底盘，该底盘的对中误差均应小于 0.2mm。工作基点和校核基点布设一般采用整体钢筋混凝土结构，立柱高度应大于 1.2m，且立柱顶部强制对中底盘的对中误差应小于 0.1mm。土基上的测点或基点，可采用墩式混凝土结构。对于岩基上的基点，可凿坑就地浇筑混凝土。在坚硬基岩埋深大于 5～20cm 的情况下，可采用深埋双金属管柱作为基点。水平位移监测的觇标，可采用觇标杆、觇牌或电光灯标。

（2）监测设施的安装。

监测点和土基上基点的底座埋入土层的深度应不小于 0.5m，在冰冻区则应深入冰冻线以下。监测设施应采取可靠措施来防止雨水冲刷、护坡块石挤压和人为碰撞。监测设施埋设时，应保持立柱铅直，仪器基座水平，并使各测点强制对中底盘中心位于视准线上，其偏差不得大于 10mm，底盘应调整至水平，倾斜度不得大于 4′。

（三）水平位移监测

边坡变形中水平位移监测可采用交会法、精密全站仪坐标法、视准线法、GPS 测量和多摄站摄影测量方法等，应根据边坡形体和其他外在环境条件合理选择监测方法。

对于大坝边坡水平位移的监测，目前多采用视准线法、引张线法等方法。采用视准线法进行监测和数据计算更为简便,但是较易受外界环境的影响,如果视线距离不长,通常在500m以内时,其监测精度相对较高,比较适用于监测。引张线法的仪器和监测设施简单,埋设安装较为方便,能监测不同高程位置的边坡水平位移变化,同时其受外界因素影响较小,精度高、速度快,可重复进行,也能够通过遥测、自记和数字显示等方法获取数据。激光准直监测法的优点是方向性较强,监测精度也相对较高,缺点是随着准直距离的增大,光斑直径会相应扩大。当准直距离达500m时,光强会减弱,并受大气抖动等因素影响而发生漂移,从而导致监测精度降低。

边坡的水平位移可根据边坡情况采用适宜的方法监测,也可将前述的多种方法有机地结合进行使用。

1. 视准线法

视准线法用于水平位移及高差的监测,即把边坡远端基岩作为不动点,将工作基点的连线作为基准,测量边坡在外界荷载作用下位移标点的水平位移。其特点是操作简便,成果可靠,费用低廉。在连线转折处需布设非固定工作基点,监测时分别测定标点偏离非固定工作基点以及非固定工作基点偏离两岸固定基点的位置变化,进而求得各标点的水平位移量,这是目前常规的表面变形监测方法。可选用全站仪、水准仪、经纬仪进行监测,获取水平角、垂直角、距离(斜距、平距)、高差等监测信息。

视准线监测方法因其原理简单、方法实用、实施简便、投资较少的特点,在水平位移监测中得以广泛应用,并且派生出了多种多样的监测方法,如分段视准线、终点设站视准线法等。视准线监测法受外界条件影响较大,对于较长的视准线而言,由于视线长,照准误差会增大,甚至出现照准困难的情况,因而精度较低,不易实现自动监测。而且这种方法要求变形值(位移标点的位移量)不能超出该系统的最大偏距值,否则无法进行监测,所以此方法要求地形适合以下条件。

(1)滑坡两侧都适合布置监测网点。

（2）监测网点之间要互相能通视。

（3）从监测网点能监测到视准线上所有的测点。

2. 交会法

交会法是根据坐标已知的点测定待定点平面位置的一种方法，根据不同使用条件可分为联合交会法、边交会法、角前方交会法。

（1）联合交会法。

联合交会法结合了角后方交会法和角侧方交会法。在监测点上设站，均匀地监测周围四个监测网点，并以此计算监测点坐标的监测方法即为角后方交会法。其优点是只需在监测点上（不需在监测网点上）设站监测；在同一滑坡上的不同监测点可同时施测而互不干扰；监测精度较高。该法的缺点是对监测人员素质要求较高；监测工作量大；监测网点必须分布均匀，否则会影响监测点的精度。

通常由于地形限制，不一定能满足所有监测点都能够均匀地监测到周围四个监测网点。为此，需要采用角侧方交会法作为辅助手段，以提高监测点的精度。所谓角侧方交会法，是在少数监测网点上设站监测监测点的一种方法。

联合交会法的多数测点可设在监测点上，无须过江或爬高山；少数监测点可通过选择最有利的监测网点实施角侧方交会法来达成提高监测精度的要求。

（2）边交会法。

边交会法是以二个以上监测网点为基准，监测这些监测网点到某测点的距离与高差。这种方法监测方便、精度高，可实现监测自动化。然而，这种方法要求监测网点的交通要便利。

（3）角前方交会法。

角前方交会法是在二个以上的监测网点上设站监测某一个监测点，求取该监测点坐标的一种方法。该法的优点是监测人员只需在监测网点上设站监测，无需登上滑坡体。因此，这种方法特别适用于滑坡快要发生,监测人员不便上滑坡进行监测的情形。此法对于交通不便、监测距离过远、图形条件不好等情况不适用。

几种水平位移监测方法比较见表 5-1

表 5-1　水平位移监测方法比较

名称	布置方法	优势和不足	适用环境
视准线法	沿垂直滑坡滑动方向布点,两端点为监测网点,中间为监测点	优点是监测工作量小,缺点是要求滑坡两侧宜布置网点;网点间能通视;从网点上能看到视准线上所有测点	不适用于范围大、狭长的滑坡或滑坡任何一侧找不到稳定基点的滑坡
联合交会法	在监测点上设站为主,在少数网点上设站为辅	监测精度高、速度快,但要求监测人员素质高,工作量稍大,网点分布要均匀	适用于上监测网点交通不方便,以及上监测点交通方便的滑坡
边交会法	以二个以上监测网点为基准,监测这些网点到某一监测点的距离与高差	监测方便、精度高;但要求测距仪精度高、交通方便	适用于交通方便的滑坡
角前方交会法	在二个以上的监测网点上设站监测某一个监测点	优点是无须去监测点上设站,因而临滑前也可监测,但监测距离过远时,精度会受影响	适合于监测点交通不便和滑坡临滑前

(四)垂直位移监测

垂直(沉降)位移是大坝变形监测中的主要项目之一。大坝在外界因素作用下,沿铅直方向产生位移时,坝体沿某一铅直线(垂直)或水平面还会产生转动变形。为掌握大坝及其基础变形情况,对于一般中小型水库的大坝而言,垂直(沉降)位移是变形监测的必测项目。

垂直(沉降)位移监测方法有精密水准法、静力水准法和三角高程法。在基础垂直(沉降)位移监测中,通常采用多点基岩变位计来测量基础内部沿铅直方向的位移。深层位移监测可采用钻孔测斜、多点位移计等方法。地表裂缝监测可采用巡视检查、测距高程导线等方法。

1. 精密水准测量

精密水准监测具有直观性好、精度高的特点,适合于较平坦的地区。

当比高较大时,需要设置众多监测站,工作量会大幅增加。当滑坡体的横断面沿等高线走向,比高不大时,精密水准测量的测线采取沿横断面布置较为合适。

2.测距高程导线法

测距高程导线法是测定两点之间的距离以及高度角,以计算两点之间高差的方法。该方法的优点是可以直接确定相互通视的两点高差。其缺点是要求仪器精度高、监测人员素质好。规模大、沿滑动方向窄长且比高大、沿横断面的两端布置水准点困难的边坡和滑坡宜采用测距高程导线法。采用这种方法时通常以高程工作基点为基准,采用附合、闭合和支线等组成测线;为保证精度,应尽量使相邻两点间的比高小、距离短。

(五)表面倾斜监测

表面倾斜监测可采用表面倾斜仪,即倾角计进行监测。对于岩石坚硬完整的人工边坡可选用灵敏度高、量程小的倾角计,对于岩石破碎、软弱的人工边坡或天然滑坡可采用灵敏度较低但量程大的倾角计。

(六)三维表面变形监测

1.全站仪监测

全站仪可用于大坝表面变形的三维位移监测,它具备自动整平、调焦、正倒镜监测、误差改正、记录监测数据的功能,并能自动进行目标识别,操作人员不再需要进行精确瞄准和调焦,一旦粗略瞄准棱镜后,全站仪就可搜寻到目标并自动瞄准,极大地提高了工作效率。

2.自动全站仪监测

自动全站仪是通过对全站仪进行集成而实现的,是一种集目标自动识别、自动校准、自动测角测距、自动跟踪、自动记录功能为一体的综合测量设备。它包括电子全站仪(电子电路模块、光学系统部分、软件系统部分)、自动目标照准传感装置、电动马达。目标照准传感装置可以通过内置在全站仪中的阵列传感器识别被反射棱镜返回的红外光,当判别接受后,马达驱动全站仪自动转向棱镜,并实现自动精确照准。自动测量机器人能够识别红外光,能够在夜间、雾天甚至雨天(保证镜面无雨水)等复杂天气条件下进行测量,因而可实现常规监测网测量的全自动化。

针对不同的监测工程对象和要求,自动全站仪可组成以下监测方式。

(1)移动式监测方式。

计算机与全站仪连接后,设备无需固定在被测对象的某一特定位置,可以进行移动测量,同时还能将数据通过网络进行传输。移动式监测方式成本较低,在需要临时测量的边坡中应用效果较好。

(2)固定式监测方法。

固定式监测就是将全站仪长期固定在测站上,并设置监测管理房、通信及电力设施,以实现长期无人值守、全天候连续监测,同时实现数据的自动处理、自动告警、远程监控等功能。该方法常应用于大型工程边坡运行时的长期持续监测。

3.组网测量

组网测量即多台自动测量机器人通过网络进行组网,经由网上数据共享来解算各测站点的坐标信息,然后再结合基准点坐标,对各个变形点监测数据进行统一差分处理,从而解算各站点的坐标及变形量。组网测量系统非常适合较大区域内,尤其是结构复杂、单台设备无法完成的大型工程或边坡变形的监测,但组网测量存在设备多、维护难度大、成本高的问题。

4.GNSS 变形监测

GNSS 的全称是全球导航卫星系统(Global Navigation Satellite System),它泛指所有的卫星导航系统,包括全球的、区域的和增强的,如美国的 GPS、俄罗斯的格洛纳斯、欧洲的伽利略、中国的北斗卫星导航系统,以及相关的增强系统,如美国的广域增强系统、欧洲的静地导航重叠系统和日本的多功能运输卫星增强系统等。国际 GNSS 系统是个多系统、多层面、多模式的复杂组合系统。GNSS 技术可以向全球任何用户全天候地连续提供高精度的三维坐标、三维速度和时间信息等技术参数,目前在各类变形监测中已得到了广泛应用。

GNSS系统由空间部分、地面监控部分和用户接收部分组成。空间部分即一系列在轨运行的卫星,由21颗卫星和3颗备用卫星组成;地面监控部分由分布在全球的五个地面站组成,这些地面站包括监测站、主控站和注入站,起到对整个系统进行管理、调整、导航及时间校正等功能;用户部分即接收机,用于接收卫星信号,获取导航和定位信息及监测数据。

GNSS的定位测量原理比较简单,是基于空间三维后交会法。设备利用卫星星历计算出某时刻3颗卫星空间三维坐标,再结合接收机监测数据,计算接收机的坐标。由于接收机钟差在某一时间为未知常数,因此至少要同时监测4颗卫星。通常为了提高精度,可设置同时监测6~8颗卫星。

传统的基于卫星定位的技术存在以下误差。

(1)轨道误差,是指卫星星历所提供的卫星空间位置与实际位置的偏差。

(2)时钟误差,是指卫星星历时间与标准时间的偏差。

(3)电离层延迟误差,是指卫星信号穿越大气层产生的监测误差。

(4)对流层延迟误差,与电离层延迟误差相似。

(5)多路径误差,是指测站周围的反射物所反射的卫星信号进入接收机天线,和直接来自卫星的信号产生干涉而带来的误差。

(6)接收机噪声,是指接收机在测量距离时带入的误判。

正是由于这一系列误差,基于卫星的定位精度只能达到米级。

RTK(Real Time Kinematic,实时动态载波相位差分技术)是一种实时处理两个测量站载波相位监测量的差分方法,通过将基准站采集的载波相位发给用户接收机,进行求差解算坐标。这是一种新的常用卫星定位测量方法,以往的静态、快速静态、动态测量都需要事后进行解算才能获得厘米级的精度,而RTK是能够在野外实时得到厘米级定位精度的测量方法,它采用了载波相位动态实时差分方法,是GPS应用历程中的重大里程碑,其出现为工程放样、地形测图,以及各种控制测量带来了新的测量原理和方法,极大地提高了作业效率。然而 RTK 设备的精度通常在 2～3cm,达不到边坡变形监测精度要求,所以一般不适用于边坡变形监测。

PPK(Post Processed Kinematic,动态后处理技术)是对 RTK 技术的补充。其原理是利用进行同步监测的一台基准站接收机和至少一台流动接收机对卫星的载波相位进行测量,事后在计算机中利用 GPS 处理软件进行线性组合,形成虚拟的载波相位监测量值,以确定接收机之间厘米级的相对位置,然后进行坐标转换得到流动站在地方坐标系中的坐标。

大量的实际应用表明,为了提高精度,可采用静态测量法,即将多台接收机同时安置在各监测点上同步监测一定时间,并进行解算和平差。通过优化监测方式和进行数据的后处理,水平位移监测矢量可获得小于±2mm 的精度,高程测量也可获得不大于±10mm 的精度,达到四等水准监测的要求,基本能够满足水库大坝边坡的变形监测需求。

三、内部变形监测

(一)内部变形监测基本要求

水库大坝边坡内部变形监测主要内容是裂缝监测及深层岩土体的位移监测。深层岩土体位移包括垂直(沉降)位移和分层水平位移。垂直(沉降)位移是指人工填筑边坡的固结和沉降;分层水平位移是指边坡垂直坝轴线方向或平行坝轴线方向的位移,以及在水压力作用下不同层面的水平位移,或由于边坡岩土体抗剪强度低而产生的侧向位移。

1.分层竖向位移监测

断面应布置在最大横断面及其他特征断面(主河槽、合龙段、地质及地形复杂段、结构及施工薄弱段等)上,一般可设 1～3 个断面。每个监测断面上可布设 1～3 条监测锤线,其中一条宜布设在坝轴线附近。监测锤线的布置应尽量形成纵向监测断面。

2.分层水平位移监测

其布置与分层竖向位移监测相同。监测断面可布置在最大断面及两坝端受拉区,一般可设 1～3 个断面。监测锤线一般布设在坝轴线或坝肩附近,或其他需要测定的部位。测点的间距,对于活动式测斜仪为 0.5m 或 1.0m;对于固定式测斜仪,可参考分层竖向位移监测点间距,并宜结合布设。

3.接缝或交界面位移监测

该监测通常布设在水库大坝坝体与岸坡连接处、防渗体和坝壳料交界处、不同土石边坡型体交界处、土石与混凝土建筑物连接处,用于监测界面上两种材料相对的错动、抬升和张开变化情况。

(二)内部水平位移监测

1.测斜仪

测斜仪广泛适用于测量土石坝、面板坝、边坡、土基、岩体滑坡等结构物的内部水平位移,该仪器配合测斜管可反复使用。测斜仪由倾斜传感器、测杆、导向定位轮、信号传输电缆和测读显示部分等组成,它是用于测量水平向测斜管轴线垂直位移的高精度仪器。

测斜仪又分为活动式和固定式两种。活动式测斜仪用同一个探头在测斜管内移动,按照固定间隔分段测出各段处发生位移后的测斜管轴线与初始状态的夹角,进而求出该段的位移,经累计得出位移量及沿管轴线整个孔深位移的变化情况。它的特点是一套测斜仪可供多个测孔使用,使用成本较低;但要人工操作,无法实现自动化,且劳动强度也较大。

固定式测斜仪是把测斜仪固定在测斜管某个位置上,测量该位置夹角的变化,进而求出该位置的位移,若想得到测斜管轴线上多个位置上连续的位移,则要在测斜管中安装多个测头。它的特点是测头要固定在测孔内,一个测头只能测一个点,使用成本较高;但可以实现连续、实时的自动化监测,项目完成后可以回收。

2.钢丝水平位移计

钢丝水平位移计适用于土石坝、土堤、边坡等土体内部的位移监测,是了解被测物体稳定性的有效监测设备。钢丝水平位移计可单独安装，亦可与水管式沉降仪联合安装进行监测。

钢丝水平位移计由锚固板、铟合金钢丝、保护钢管、伸缩接头、测量架、配重机构、读数游标卡尺等组成。当被测结构物发生水平位移时，将会带动锚固板移动，通过固定在锚固板上的钢丝卡头传递给钢丝，钢丝再带动读数游标卡尺上的游标，采用目测方式将位移数据读出。测点的位移量等于实时测量值与初始值之差，再加上监测房内固定标点的相对位移量。监测房内固定标点的位移量由视准线测出。

(三)内部垂直位移监测

1. 水管式沉降仪

水管式沉降仪适用于长期监测土石坝、土堤、边坡等土体内部的沉降，是了解被测物体稳定性的有效监测设备。它是利用液体在连通管内的两端处于同一水平面的原理而制成的，在监测房内所测得的液面高程即为沉降测头内溢流口液面的高程，可用目测的方式在玻璃管刻度上直接读出，也可自动读出。被测点的沉降量等于实时测量高程读数相对于基准高程读数的变化量，再加上监测房内固定标点的沉降量即为被测点的最终沉降量。监测房内固定标点的沉降量由视准线测出。

2. 振弦式沉降仪

振弦式沉降仪可自动测量不同点之间的沉降，它由储液罐、通液管和传感器组成。储液罐放置在固定的基准点，并用两根充满液体的通液管把它们连接在沉降测点的传感器上，传感器通过通液管感应液体的压力，并换算为液柱的高度，由此可以实现在储液罐和传感器之间测量出不同高程任意测点的高度。通常可以用它来测量堤坝、公路填土及相关建筑物的内外部沉降。

3. 连杆式分层沉降仪

连杆式分层沉降仪是在坝体内埋设沉降管，在沉降管不同高程处设置沉降盘，沉降盘随坝体的沉降而移动，可采用电磁式、干簧管式测量仪表来测量沉降盘的高程变化，从而得到坝体的分层沉降值。沉降管随坝体填筑埋设时，可采用坑式埋设法和非坑式埋设法。对于软基及已建水坠坝,可采用带叉簧片的沉降环,用钻孔法埋设。

4. 垂直测斜仪

测斜仪分垂直测斜仪和水平测斜仪两种。垂直测斜仪是通过测量垂直向测斜管轴线与铅垂线之间夹角的变化量,来监测土、岩石和建筑物内部滑动的位置、位移方向及位移量。

(四)锤线监测

正倒锤线一般用于大型人工边坡运行期的锤线监测,布置在地质条件差或边坡高度大的部位的马道上。使用时,宜开挖专门的竖井,以避免和其他竖井(如电梯井)共用而相互干扰,且正倒锤线互相配合,互相验证。可在倒锤线旁布置正锤线,或在各监测断面相邻马道间布置正锤线,利用连续锤线监测边坡的水平位移。正倒锤线可与进行深部位移监测的钻孔倾斜仪和多点位移计的监测相互配合、印证。

(五)面板变形监测

混凝土面板变形监测可采用斜坡测斜仪或水管式沉降仪。水管式沉降仪测头采用坑式埋设法埋设在面板之下的垫层中。斜坡测斜仪由测斜传感器和测斜管组成,测斜管道宜采用铝合金管。在安装测斜管道时一般将管道直接安设在面板表面,并将其下端固定于趾板上。在寒冷地区也可将管道设于面板之下,但在浇筑面板时应严加保护。

(六)边坡裂缝监测

裂缝包括断层、裂隙、层面的裂缝,其监测包括裂缝的张开、闭合,以及剪切、位错等。一般用于施工期;对于重大的裂缝断层,运行期也应继续监测,此类裂缝的监测一般使用多点位移计等进行测量。

对已建坝的表面裂缝(非干缩、冰冻缝),凡缝宽大于5mm、缝长大于5mm、缝深大于2m的纵、横向缝,都必须进行监测。混凝土面板堆石坝接缝监测点一般应布设在正常高水位以下。周边缝的测点布置,一般在最大坝高处布置1～2个点;在两岸坡大约1/3、1/2及2/3坝高处各布置2～3个点;在岸坡较陡、坡度突变及地质条件差的部位应酌情增加。受拉面板的接缝也应布设测缝计,高程分布与周边缝相同,且宜与周边缝测点组成纵横监测线。

接缝位移监测点的布置,还应与坝体垂直(沉降)位移、水平位移及面板中的应力应变监测结合进行,便于综合分析和相互验证。

土石坝表面裂缝,可在缝面两侧埋设简易测点(桩),采用皮尺、钢尺等简单工具进行测量。对于深层裂缝,当缝深不超过 20~25m 时,宜采用探坑、竖井或配合物等方法检查,必要时也可埋设测缝计(位移计)进行监测。

测缝计适用于长期埋设在水工建筑物或其他混凝土建筑物内或表面,测量结构物伸缩缝或周边缝的开合度(变形)。加装配套附件可组成基岩变位计、表面裂缝计等测量变形的仪器。

测缝计由前后端座、保护筒、信号传输电缆、传感器等组成。当结构物发生变形时,通过前、后端座传递给传感器使测缝计产生位移变化,变化信号经电缆传输至读数装置,即可测出被测结构物的变形量。

四、三维空间变形监测

(一)三维激光扫描技术

传统的水库大坝边坡变形测量通常测量的是点或者一条测线,监测数据通过绘制过程线、平面等高线等方式输出;采用的测量仪器如全站仪、GPS 测量仪,测量的数据直接输出成电子文档。相较于这些二维信息,三维激光扫描技术能够获得水库大坝边坡的三维信息,相比传统监测数据具有非常大的优势。

三维激光扫描技术也可称为物体实景复制技术,是在 GPS 技术之后的又一次革新。三维激光扫描技术采用高速激光进行远程、非接触式测量,无需在被测物体上设置标记,能够在复杂空间环境中对被测结构进行快速激光扫描,获取被测结构表面的三维点数据,形成空间云数据。三维激光扫描技术突破了现有的点、线测量的不足和局限,具有高精度、高效率、非接触、数据量大等多种优势。三维激光扫描技术能够获取高精度、高分辨率的数字地形图,对于水库大坝的边坡变形监测,可以获取边坡表面整体状况,实现长时间序列数据的获取和分析评价,还能用于对水库大坝边坡变形和滑坡的预测预警。此外,三维激光扫描技术还能获取被测对象表面的 R、G、B 颜色数据及物体表面反射率等信息;针对水库大坝边坡受周边环境影响、边坡渗水等情况,三维激光扫描技术可以全面地、最大限度地实景还原,这个优势是目前其他测量方式无法达到的。

三维激光扫描技术依托的是激光测量,其原理是:三维发射器通过发射激光,照射到被测结构表面后,激光接收器接收被测物体表面的反射光,测量光波来回的时间差和平面镜的旋转角度,从而实现三维测量的目的。

从基本原理可以拓展出脉冲式测距、相位测距、测角法等不同方法。

1. 脉冲式测距

脉冲式测距的基本原理为:扫描仪内部激光脉冲二极管发射一束激光脉冲,经由棱镜反射,射向被测物体,而后由扫描仪内部探测器接收返回的激光脉冲,并计算出激光脉冲传播时间差 Δt,从而计算出扫描仪距被测物体的距离,公式如下:

$$s = \frac{c \Delta t}{2}$$

式中　c——光在真空中的传播速率;

　　　s——发射器距目标物的距离。

2. 相位测距

相位式测距是一种通过调节光的波长,然后根据波长的不同来计算相位延迟从而测量距离的方法。相位延迟是由于光的相位在透过具有二相性或多向性的物质时发生偏转进而产生的相位延后现象导致的。它的原理仍然是测量光从扫描仪到目标物体的时间,相位法测距原理如下式所示:

$$D = \frac{c}{2}\left(\frac{\varphi}{2\pi f}\right)$$

式中　φ——测量相位差;

　　　f——填充脉冲的频率。

从上式可知,相位测距是通过测量发射光波与反射光波的相位差,进而测量扫描仪距被测物体距离的方法。相较于脉冲测距法,相位测距法精度高,但测距量程较小。这种方法常用于精密测量工程之中。

3.测角法

激光三角法测距基于的是平面三角几何原理。当激光发射器发出的激光束照射在被测物体表面时会发生激光散射，散射的激光穿过成像透镜成像在高分辨率光电检测器件上。当被测物体产生移动时，光电检测器件上的光斑位置随之移动，通过光斑位置的变化以及激光发射器、被测物体、光电检测器件之间的三角几何关系，可以间接求得激光发射器与被测物体之间的距离。

(二)合成孔径雷达监测技术

合成孔径雷达监测技术以无线电波作为监测手段，实现远程主动微波遥感测量。通过合成孔径雷达技术，可以探测对象的散射系数特征；利用双天线系统或重复轨道法，基于相位和振幅监测值，能够实现雷达测量。在此基础上，利用同一地区的两幅干涉图像(其中一幅是被测对象结构发生变形前的图像，另一幅是结构发生变形之后的图像)，对其进行处理，除去地球曲面、地形起伏等因素的影响，最终获取地表微量变形。合成孔径雷达监测技术可以用来监测地表面水平和垂直位移、大型工程的形变等。

此项技术具有全时段、非接触、成本低、范围广的特点，不需人员进入测量区域，从一幅图像中就可以提取有效分辨率下数万平方公里的地表形变数据，拥有其他大地测量方法所不能比拟的优势。但受到卫星轨道误差、大气层延迟误差、系统热噪声等多种因素的影响，该技术的数据质量、精度也会降低，在实际技术应用中还存在一些困难。此外，由于卫星具有固有的运行周期，不能满足时间域上的高分辨率，所以不适合高动态的边坡变形监测。

五、渗流监测

为确定水库大坝边坡在受地下水位、降雨等因素影响下是否稳定和安全，以便采取正确的运行方式或进行必要的处理和加固以保证工程安全，水库大坝边坡渗流监测项目主要包括坡体浸润线、渗流压力、渗流量及渗流水质等。

(一)渗流监测一般要求

(1)各项渗流监测应配合进行,并应同时监测邻水面水位。

(2)浸润线和渗流压力可采用测压管或埋入式渗压计进行监测。测压管的滞后时间主要与土体的渗透系数(k)有关。当 $k \geqslant 10^{-3}$ cm/s 时,可采用测压管,其滞后时间的影响可以忽略不计;当 10^{-5} cm/s $\leqslant k \leqslant 10^{-4}$ cm/s 时,采用测压管时要考虑滞后时间的影响;当 $k \leqslant 10^{-6}$ cm/s 时,由于滞后时间影响较大,不宜采用测压管。

(3)采用渗压计量测渗流压力时,其精度不得低于满量程的 5/1000。

(4)渗流量的监测可采用量水堰或体积法。当采用水尺法测量量水堰堰顶水头时,水尺精度应不低于 1mm;采用水位测针或量水堰计量测堰顶水头时,精度应不低于 0.1mm。

(二)渗流监测设计及设施安装

坡体渗流压力监测的范围包括边坡内部和基础部分。

1.坡体渗流压力监测设计

(1)监测横断面宜选在边坡最大断面处、结合段、地形或地质条件复杂坝段,并与变形监测断面相结合。

(2)监测横断面上的测点应根据水库大坝边坡结构、断面大小和渗流场特征进行布置,一般位置是:坡顶、坡中部和坡脚缘各一条;有防渗体的,防渗体前后也需布置。

(3)监测铅直线上的测点,应根据需要监测的范围、渗流场特征,并考虑能通过流网分析确定浸润线位置,沿不同高程进行布置。一般原则是:在强透水料区,每条铅直线上可只设一个监测点,其高程应在预计最低浸润线之下;在渗流进、出口段,渗流各向异性明显的土层中,以及浸润线变幅较大的区域,应根据预计浸润线的最大变幅,沿不同高程布设测点,每条铅直线上的测点数一般不少于两个。

2.坝体渗流压力监测设施安装

监测坝体渗流压力,应根据不同的监测目的、土体透水性、渗流场特征以及埋设条件等,选用测压管或渗压计。

（1）测压管及其安装。

测压管宜采用镀锌钢管或硬塑料管，内径采用 50mm。测压管由透水段和导管组成，其透水段一般长 1～2m，用于点压力监测时应小于 0.5m。测压管面积开孔率约为 10%～20%（孔眼形状不限，但须排列均匀、内壁无毛刺），外部包扎能防止土颗粒进入的无纺土工织物，管底封闭，不留沉淀管段，透水段与孔壁之间用反滤料填满。测压管埋设前，应对钻孔深度、孔底高程、孔内水位、有无塌孔情况，以及测压管加工质量、各管段长度、接头、管帽情况等进行全面检查并做好记录。测压管封孔完成后，应向孔内注水进行灵敏度试验，合格后方可使用。

在从造孔开始至灵敏度检验合格的全过程中，应随时记录和描述有关情况及数据，必要时需取样进行干密度、级配和渗透等试验。竣工时需提交完整的测压管钻孔柱状图和考证表，并存档妥善保管。

（2）渗压计及其安装。

坝体内埋设渗压计有两种方法，一是随坝体的填筑直接埋设，另一种是钻孔埋设。渗压计埋设前，应取下仪器端部的透水石，在钢膜片上涂一层黄油或凡士林以防生锈（但要避免堵孔）。渗压计安装前需在水中浸泡 24h 以上，使其达到饱和状态，并测读其零压状态下的读数。

①在坝体中埋设渗压计方法。清理好渗压计埋设点处的基础面后，开挖埋设坑，坑底尺寸为 15cm×40cm，深度为 40cm。将坑底部先铺 10～15cm 干净的中粗砂，并注水饱和，测头埋入后，周围回填中粗砂，注水饱和，然后用人工击实。中粗砂以上可填筑坝体土料，坑深高度以内用人工分层夯实，其压实密度和含水量与坝体填土相同。在反滤层粗砂和砂砾料排水带中，以及河槽砂卵石坝基表面埋设渗压计的方法基本同上，依照反滤关系，渗压计周围亦可用粗砂填筑。

②钻孔中埋设渗压计方法。在埋设点位置垂直钻孔至预定深度以下 50cm，孔径 110mm。安装渗压计的钻孔均不得有泥浆钻进。成孔后，在孔底用干净的细砂回填至渗压计端头以下 15cm。将渗压计封装在饱水的透水砂袋中，放入钻孔内预定深度，用干净的砂回填至测头以上 30cm，

记录埋设高程并确定仪器正常后,上部用膨胀泥球回填封孔。

3.坝基渗流压力监测设计

坝基渗流压力监测包括坝基天然岩土层、人工防渗和排水设施等关键部位渗流压力分布情况的监测。[①] 监测横断面的选择主要取决于地层结构、地质构造情况,断面数一般不少于三个,并宜顺流线方向布置或与坝体渗流压力监测断面相重合。监测横断面上的测点布置应根据建筑物地下轮廓形状、坝基地质条件以及防渗和排水型式等确定,一般每个断面上的测点不少于三个。

4.坝基渗流压力监测设施安装

坝基渗流压力监测设施及其安装与坝体渗流监测基本相同。但当接触面处的测点选用测压管时,其透水段和回填反滤料的长度宜小于0.5m。

(三)渗流量监测

1.渗流量监测布置

当坡脚有渗出水时,一般在坝脚下游能够汇集水流的地方设置集水沟,在集水沟的出口处布置量水堰。若集水沟后接有排水沟,量水堰也可设置在排水沟内。这种布置方式监测得到的渗流量是出溢总水量,此外,还有一部分渗流是从基础内向下游渗出的水量(潜流)。由于地下潜流的渗流坡降随水库水位的变化不大,因而可以将潜流流量视为常数,监测渗流量加上潜流流量即为总渗流量。

2.渗流量监测方法

根据渗流量的大小和汇集条件,渗流量一般可采用容积法、量水堰法或流速法进行监测。

容积法适用于渗流量小于 1L/s 的情况,量水堰法适用于渗流量为 1～300L/s 的情况。量水堰可采用三角堰、梯形堰或矩形堰。流速法适用于渗水能引到具有比较规则的平直排水沟内的情况。

---

①林雪松,孙志强,付彦鹏.水利工程在水土保持技术中的应用[M].郑州:黄河水利出版社,2020.

六、内部监测

边坡内部监测主要包括土压力、接触土压力、混凝土应力应变、锚杆（锚索）应力、钢筋应力、钢板应力及岩体应力应变等监测。

（一）土压力

土压力监测的目的是了解坝体填土中的内部土体压力，可采用埋入式土压力计进行监测。土压力监测测量的是土体总应力，如需测量土体内的有效应力，应在埋设土压力计的同时，埋设孔隙水压力计进行监测。

（二）接触土压力

监测接触土压力的目的是了解土与建筑物的作用压力大小和分布情况，包括边坡挡墙、穿坡建筑物接触压力以及大坝边坡心墙、斜墙、混凝土结构、垫层之间的作用力等。接触土压力一般采用接触式土压力计进行监测。

（三）混凝土应力应变

大部分边坡包含一些混凝土结构，如边坡挡墙、槽、沟渠等。这些混凝土结构的应力应变一般采用压应力计和应变计等进行监测，用应变计监测混凝土应力时，需安装压应力计。

（四）锚杆（锚索）及钢筋应力、钢板应力

锚杆（锚索）及钢筋应力一般采用锚杆测力计或钢筋计进行监测。钢板应力采用钢板计进行监测。

（五）岩体应力应变

边坡岩体及基岩的应力应变一般采用应变计或变位计进行监测。

七、其他监测

在人工边坡施工期、自然边坡加固期或其他特殊时段，需要对水库大坝边坡进行不同目的的监测。

（一）爆破振动监测

一般只用于施工期采取爆破开挖的工程，且仅用于爆破开挖的施工

阶段。其目的在于控制爆破规模、检验爆破效果、优化爆破工艺、减小爆破对边(滑)坡的影响,避免出现超挖和欠挖的情况,确保施工期边(滑)坡的稳定和安全。

爆破振动监测一般包括质点运动参数监测和质点动力参数监测。在质点运动参数监测中,常以质点振动速度监测为主、加速度监测为辅;质点动力参数监测一般进行动应变测量。

(二)松动范围监测

它是指测定由于爆破的动力作用、边坡开挖地应力释放引起的岩体扩容所导致的边坡表层的松动范围。监测结果可以作为锚杆、锚索等支护设计和岩体分层计算的依据。

参考文献

[1] 白涛. 水利工程概论 [M]. 北京：中国水利水电出版社，2019.

[2] 卜贵贤. 水利工程管理 [M]. 北京：中国水利水电出版社，2016.

[3] 丹建军. 水利工程水库治理料场优选研究与工程实践 [M]. 郑州：黄河水利出版社，2021.

[4] 董哲仁. 生态水利工程学 [M]. 北京：中国水利水电出版社，2019.

[5] 龚爱民，傅蜀燕，黄海燕，等. 水库工程维修养护运行机制 [M]. 北京：中国水利水电出版社，2017.

[6] 贾洪彪. 水利水电工程地质 [M]. 武汉：中国地质大学出版社，2018.

[7] 李宗尧，胡昱玲. 水利工程管理技术 [M]. 北京：中国水利水电出版社，2016.

[8] 林四庆，李永江，曹先升，等. 大型水库工程施工关键技术研究与应用 [M]. 北京：中国水利水电出版社，2017.

[9] 刘世煌. 水利水电工程风险管控 [M]. 北京：中国水利水电出版社，2018.

[10] 陆鹏. 水利工程测量技术 [M]. 北京：中国水利水电出版社，2017.

[11] 马福恒，李子阳，徐国龙，等. 大坝安全检测与监测技术标准化及应用 [M]. 北京：中国水利水电出版社，2018.

[12] 马亚军. 水利工程水库大坝混凝土施工技术 [J]. 水上安全，2023 (12)：157-159.

[13] 那巍，付宏，芦绮玲. 省域水库大坝安全监测管理技术概论 [M]. 北京：中国水利水电出版社，2019.

［14］盛金保，厉丹丹，龙智飞，等．水库大坝风险及其评估与管理［M］．南京：河海大学出版社，2019．

［15］史志鹏，何婷婷．工程水文与水利计算［M］．北京：中国水利水电出版社，2020．

［16］宋子龙．水库大坝水下无人探测技术实践与进展［M］．郑州：黄河水利出版社，2018．

［17］孙玮玮，张大伟，徐建军，等．大坝风险综合评价理论方法及应用［M］．北京：中国水利水电出版社，2021．

［18］田育功．大坝与水工混凝土新技术［M］．北京：中国水利水电出版社，2018．

［19］徐春姣，孙桂波．水利工程水库大坝大体积混凝土温控养护技术研究［J］．城市周刊，2024（22）：132-134．

［20］姚亮，李向东，蒋洪伟，等．水利工程液压启闭机应用［M］．北京：中国水利水电出版社，2018．

［21］张建华，江凌．峡江水利枢纽工程关键技术研究与应用［M］．北京：中国水利水电出版社，2018．

［22］张世殊，许模．水电水利工程典型水文地质问题研究［M］．北京：中国水利水电出版社，2018．

［23］张雪锋．水利工程测量［M］．北京：中国水利水电出版社，2020．

［24］赵二峰．大坝安全的监测数据分析理论和评估方法［M］．南京：河海大学出版社，2018．

［25］赵先进．夹岩水利枢纽工程水库生态调度关键技术［M］．北京：中国水利水电出版社，2023．

［26］赵宇飞，祝云宪，姜龙，等．水利工程建设管理信息化技术应用［M］．北京：中国水利水电出版社，2018．